ZI RAN SHI
MIREN DE ZHIWU WANGGUO

自然史

迷人的植物王国

〔法〕乔治·布封 ◎ 著　林雅旻 ◎ 编译

U0391601

中国妇女出版社

图书在版编目（CIP）数据

自然史．迷人的植物王国／（法）乔治·布封著；
林雅旻编译．-- 北京：中国妇女出版社，2019.8
（自然科学运转的秘密：儿童插图版／赵序茅主编）
ISBN 978-7-5127-1763-3

Ⅰ．①自… Ⅱ．①乔… ②林… Ⅲ．①自然科学史-
世界-儿童读物②植物-儿童读物 Ⅳ．① N091-49
② Q94-49

中国版本图书馆 CIP 数据核字（2019）第 112605 号

自然史——迷人的植物王国

作　　者：〔法〕乔治·布封　著　林雅旻　编译
丛书主编：赵序茅
责任编辑：王　琳
封面设计：尚世视觉
责任印制：王卫东
出版发行：中国妇女出版社
地　　址：北京市东城区史家胡同甲 24 号　　邮政编码：100010
电　　话：（010）65133160（发行部）　　65133161（邮购）
网　　址：www.womenbooks.cn
法律顾问：北京市道可特律师事务所
经　　销：各地新华书店
印　　刷：北京中科印刷有限公司
开　　本：170×235　1/16
印　　张：13.5
字　　数：136 千字
版　　次：2019 年 8 月第 1 版
印　　次：2019 年 8 月第 1 次
书　　号：ISBN 978-7-5127-1763-3
定　　价：39.80 元

目 录
—
c o n t e n t s

第一章　地球及其组成 ············ 001

自然的分类 ············ 002

地球 ·········· 005

海洋和沙漠 ············ 006

海洋 ·········· 007

沙漠 ·········· 009

第二章　自然的各个世代 ············ 011

宇宙的发展 ············ 012

洪荒时代 ·········· 016

最古老的物种 ············ 017

洋流和火山对地形的影响 ············ 020

初民生活 ············ 023

科学与和平 ············ 026

第三章　植物的概念和种类 ············ 041

植物的细胞 ············ 042

植物的组织和器官 ············ 048

第四章　光合作用和蒸腾作用 ············ 051

光合作用 ············ 052

蒸腾作用 ············ 055

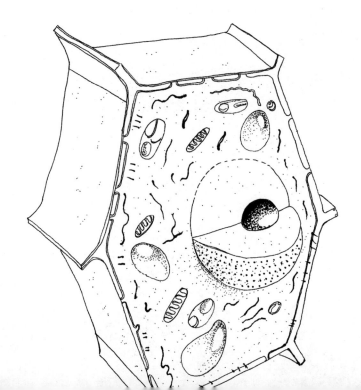

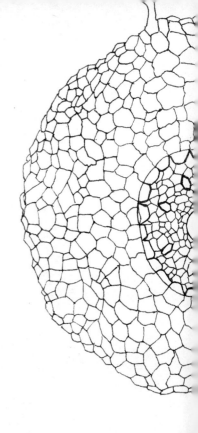

第五章　藻类植物 ·············· 059

　　蓝藻门和红藻门 ·············· 060

　　　蓝藻门 ·············· 060

　　　红藻门 ·············· 062

　　甲藻门、紫菜、轮藻门 ·············· 064

　　　甲藻门 ·············· 065

　　　紫菜 ·············· 066

　　　轮藻门 ·············· 068

　　绿藻门 ·············· 069

　　褐藻门 ·············· 073

第六章　苔藓植物 ·············· 077

　　苔藓植物的结构和生殖 ·············· 078

　　地钱，葫芦藓，金鱼藻 ·············· 082

　　　地钱 ·············· 082

　　　葫芦藓 ·············· 084

　　　金鱼藻 ·············· 086

　　真菌类 ·············· 087

第七章　蕨类植物 ·············· 091

　　蕨类植物的特征和结构 ·············· 092

桫椤和铁线蕨 ············ 097

　　桫椤 ·········· 097

　　铁线蕨 ·········· 100

鳞木和鹿角蕨 ············ 100

　　鳞木 ·········· 101

　　鹿角蕨 ·········· 102

第八章　裸子植物 ············ 105

裸子植物的形态 ············ 106

裸子植物的代表种类 ············ 108

　　银杏 ·········· 109

　　苏铁 ·········· 110

　　巨杉 ·········· 111

　　侧柏 ·········· 113

　　红豆杉 ·········· 114

　　油松 ·········· 114

第九章　被子植物 ············ 117

根 ·········· 118

茎 ·········· 122

叶 ·········· 125

花 ············ 128

果实 ············ 133

种子 ············ 135

第十章　森林 ············ 139

热带雨林 ············ 140

药用植物 ············ 143

　人参 ············ 143

　罗汉果 ············ 145

油料作物 ············ 146

　花生 ············ 146

　芝麻 ············ 147

香料植物 ············ 149

　柠檬 ············ 149

　薄荷 ············ 150

　玫瑰 ············ 151

糖料植物 ············ 152

　甘蔗 ············ 152

　甜菜 ············ 153

粮食作物 ············ 154

　水稻 ············ 154

　小麦 ············ 156

纤维作物 ··········· 157

　棉花 ·········· 158

　亚麻 ············ 160

第十一章　自然元素矿物 ··········· 161

金、银、铜、铂 ··········· 162

　金 ·········· 162

　银 ·········· 163

　铜 ·········· 165

　铂 ·········· 166

砷和锑 ··········· 167

　砷 ·········· 167

　锑 ·········· 168

硫、金刚石、石墨 ··········· 169

　硫 ·········· 169

　金刚石 ··········· 170

　石墨 ·········· 171

第十二章　硫化物和硫酸矿物 ··········· 173

方铅矿和辰砂 ··········· 174

方铅矿 ··········· 174

辰砂 ··········· 175

闪锌矿、硫镉矿、辉锑矿 ··········· 176

闪锌矿 ··········· 177

硫镉矿 ··········· 178

辉锑矿 ··········· 179

斑铜矿、黄铜矿、辉铜矿 ··········· 180

斑铜矿 ··········· 180

黄铜矿 ··········· 181

辉铜矿 ··········· 182

黄铁矿、磁黄铁矿、白铁矿 ··········· 182

黄铁矿 ··········· 182

磁黄铁矿 ··········· 183

白铁矿 ··········· 184

脆银矿、深红银矿、车轮矿 …………184

　脆银矿 …………184

　深红银矿 …………185

　车轮矿 …………186

黝铜矿和砷黝铜矿 …………186

　黝铜矿 …………186

　砷黝铜矿 …………187

第十三章　卤化物 …………189

石盐、钾石盐、氯银矿 …………190

　石盐 …………190

　钾石盐 …………191

　氯银矿 …………192

光卤石、冰晶石、萤石 …………192

光卤石 ·········· 193

冰晶石 ·········· 193

萤石 ·········· 193

第十四章　氧化物和氢氧化物 ·········· 195

尖晶石、红锌矿、赤铜矿 ·········· 196

尖晶石 ·········· 196

红锌矿 ·········· 197

赤铜矿 ·········· 197

磁铁矿、钛铁矿、赤铁矿 ·········· 198

磁铁矿 ·········· 198

钛铁矿 ·········· 199

赤铁矿 ·········· 199

红宝石和蓝宝石 ·········· 200

红宝石 ·········· 200

蓝宝石 ·········· 201

水镁石、褐铁矿、水锰矿 ·········· 202

水镁石 ·········· 202

褐铁矿 ·········· 202

水锰矿 ·········· 203

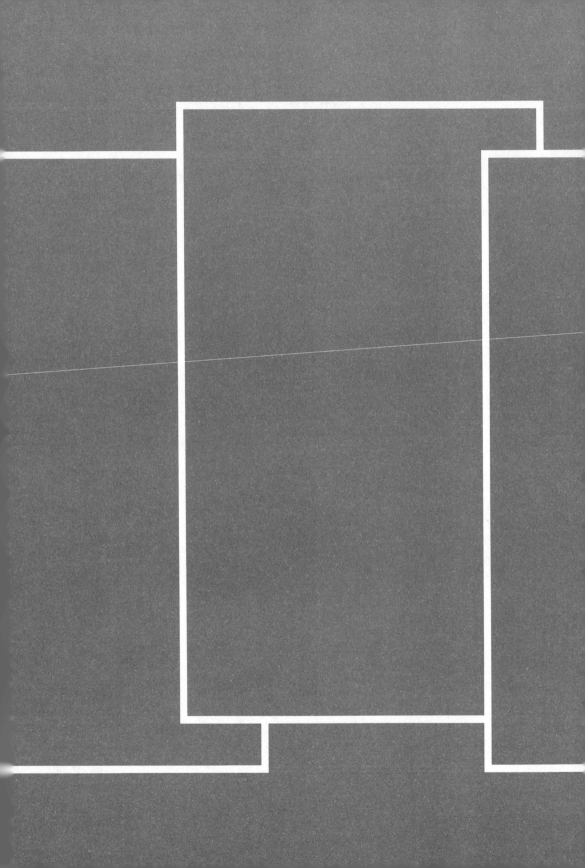

第一章

地球及其组成

地球是太阳星云抛出的物质冷却后形成的小型星球，大海和沙漠由地球上的原始元素逐渐演化而来，随后出现了动植物以及人类。在我看来，地球的进化与上帝的意愿等其他因素无关，是漫长的时间产物。大地、山脉、河流和海洋变迁的证据，都能够证明这一点。

◎ 自然的分类

　　人类习惯通过自己熟悉的事物来了解那些感到陌生的，并从中不断获取对自身有用的信息。这种自然、简便的学习方法，要比其他复杂的方法更加有效。

　　如果将一个人清除所有记忆后放回自然，那么对他而言周围的一切都是新奇的。刚开始，他对所有事物都没有概念，但如果他反复观察同一个事物，自然而然地，他就会对其形成具体的概念，能够将它与其他事物区别开。接下来，他逐渐能够将能动的事物和植物区别开，并在脑中形成三个大类：动物、植物和矿物。与此同时，他还会对土地、空气和水这三种完全不同的事物产生明确的概念。他的脑海中会逐渐知晓陆地生物、海洋生物以及空中生物的相同点与不同点，形成特殊与一般的概念。这些概念的建立有利于他的再次分类：四足兽、鸟类、鱼类。在植物界中，他也能区分树木与其他植物，慢慢明

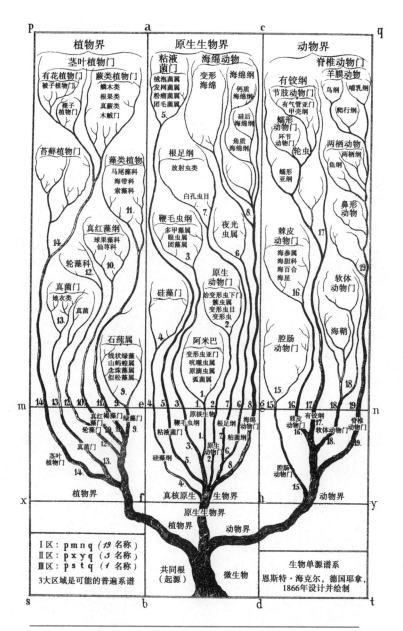

此图为恩斯特·海克尔（1834～1919）所绘。海克尔是德国博物学家，达尔文理论在德国的传播人。本图由于绘制年代较早，所以上面的分类有些与现在不同。

确概念，并且根据植物的高度、材质和外形对自然界中的植物进行分类。他的这种分类方式源于自己对植物的简单观察，而这也是我们在对自然界的事物进行分类时需要遵循的原则。

试想，当这个人学会很多知识后，他观察自然界的角度自然而然就会拓宽。他在研究自然界事物的过程中，首先会注意到自己最感兴趣或最重视的事物。例如，他对兽类中的牛、马、狗很感兴趣，他就会集中注意力观察这些动物，而不会对那些生活在相同地点但他不喜欢或者不熟悉的兽类（如鹿、野兔等）感兴趣。在学习了关于生活在特殊气候下的兽类（如大象、羊驼等）的知识后，他就有可能产生继续研究此方面知识的兴趣。同理，对于鱼类、鸟类、虫类、贝壳类、植物、矿物等自然界中的各种物种，他都会利用自己已有的知识，从中选出自己熟悉和感兴趣的事物来将它们分类。

上述分类方式是所有方式中最基础的一种，也是必须遵循的原则。在人类最开始进行分类的时候，事物的划分方法与上述一致，即依据事物与我们的关系以及我们对事物的熟悉程度，逐步确定研究对象。事实上，这种方法是观察事物最简单的方法，也是比其他复杂方法更有效、更加有利于我们自由发挥的一种。可以说，这种方法是研究事物的最佳方法。

◎ 地球

　　陆地上丰富的生活资料为人类所用，海洋根据独特的规律和固定的界限在不停运转，大气稳定地在我们周围流动，季节也有着周期性的交替变化，秋冬时的萧瑟景象在春天到来后必定会被郁郁生机所替代……所有这些都在有秩序地进行。经过上亿年的演化，混沌大地变为宜居之地，成为宁静、和谐与处处生机的所在。

　　地球表面具有高地、幽谷、平原、海洋、沼泽、江河、洞穴、火山等地貌，表面看来好像没有任何规律和秩序可循。地球内部同样也分布着看起来毫无规律的事物，如金属、矿物、沙石、沥青、泥土、水等。

　　但是，在认真观察喷发过的火山之后，我们就会惊讶地发现一些地球内部的隐藏景象：有着许多裂痕的岩石、新形成的岛屿、被火山灰覆盖的平地以及满是火山灰的岩洞。这些景象无不在告知人类，地球万物之间必然存在着一定的联系。在地球刚刚诞生的时期，比较轻的物质上面覆盖着那些比较重的物质，柔软的物质包裹着坚硬的物质，干、湿、冷、热、易碎的物质混合在一起，形成一种混沌的状态。

　　早期的地球仿佛由垃圾堆积而成，地球上的生物日夜与这些"垃圾"为伴。物质在不断循环往复：陆地为生物提供丰富多样的生产生活资料；海洋具有自身的运动规律（如洋流等）和固定的界限；大气

火山喷发

层持续流动；季节按照一定的规律不断交替。那时候的地球静谧、和谐，处处生机勃勃。这些景象深深地震撼着现代人类，让我们对大自然的智慧和力量肃然起敬。

◎ 海洋和沙漠

海洋和沙漠在地球表面占比很大，接下来我将对其进行详细论述。

海洋

　　如果能站在足够高的地方鸟瞰地球，我们会看到大面积的水，使整个地球呈现出一片蔚蓝。地球表面的水始终处于低洼处并保持水平，表现出一种平衡和静止的状态。事实上，人类发现地球表面的水具有一股强大的力量，存在一种波动性。这股力量打破了水原有的平衡状态，驱使海洋产生周期性的运动，即潮起潮落和连续不断的海浪。

　　随后，我们再来看一下海底的情况。与起伏不定的陆地相似，海底也崎岖不平，具有山峰、深谷和沟壑。我们可以将从海底突起的岛屿看作山峰，只不过这座山的四周全是水，当山峰突出海平面时，就会形成我们常说的"岛"。地质学家发现，海洋中有一种急流，与普通的海洋运动不同的是，这些急流有时发生同向运动，有时发生反向运动，地球内部仿佛有一种力量制约着它们，不让它们超越某个界限。这种约束力量如同限制大地江河的力量一样是恒久不变的。通常风暴地带易出现急流，狂风会使暴风雨更加猛烈，使海洋和天空都变得混浊。风暴继而引发海底内部运动，导致火热的气浪由海底火山喷发而出，与水、硫黄、沥青等混杂着冲向天空。

　　看似平静的海底世界实际上危险遍布。风暴侵袭，我们的仪器会变得毫无作用，小型探测船要么停在某处，要么被击沉在海底。

　　最后，我们将目光投向位于地球两端的极地。那里有从冰山上脱落的巨大冰块，漂浮在海面上，就好像山峰一样。在移动的过程中，冰山会逐渐消融，当到达气候温和的地区时，它们会彻底变成水。

　　这就是海洋呈现在我们面前的景象。这里生活着多种多样的生物：有带着贝壳在水中穿梭的贝类；有背着厚重的甲壳爬行的甲壳类；有依靠像翅膀一样的鳍来回游走的鱼类；还有仅在海底活动，依附在岩石上生存的神奇物种。一般情况下，在同一片水域生活的生物都能找到适合自己的食物。海边往往生长着茂盛的植物或苔藓，也存在一些奇特的草木。海底大部分由泥土构成，还有大量的沙子和砾石，以及少量的硬土、贝壳、岩石等——这与我们生活的陆地极

为相像。

沙漠

　　沙漠一般指没有茂盛的森林和充足水源的地方。在那里，太阳炙烤着大地，空气干燥，浩瀚无垠的荒原布满碎沙和光秃秃的小丘；在那里，尘沙飞扬，生命显得极为可贵；在那里，了无生气的土地上只有坚硬的骨骸、石头以及或矗立或倒塌的岩石。在这样一眼看不到头的沙漠中，旅行者几乎呼吸不到凉爽的空气，茕茕孑立，形单影只，周遭的衰败景象难以让其联想到世界上还有生机盎然的自然景观。陪伴他的只有无边无际的孤寂，这种孤寂比森林的沉寂更加令人不安。对孤独的人而言，森林中的花草树木也是有生命的，可以陪伴他度过漫长黑夜。但在这毫无生气的沙漠，孤单和迷茫的感觉会被放大数倍，稍有差池都很有可能葬身在沙土之中。

浅海世界

沙漠风光

　　与夜晚的寂寥相比，沙漠中白昼的光线更显凄凉，旅行者在这些光线中得以看清浩瀚沙漠的贫瘠与荒芜，使没有风的沙漠显得更加空旷。旅行者自知他们远离居住地，处在一种可怕的境地之中。没有一个旅行者会喜欢待在这沉寂的沙漠中，这里匮乏的食物与用水导致饥饿、干渴、酷热，更会随时导致死亡。

第二章

自然的各个世代

在研究人文历史的过程中，人类需要翻阅大量的资料，探索古时的碑牌，辨认墓志铭，然后才能厘清人类历史的发展进程，从而确定历史事件发生的具体时间。同样地，在研究自然史的过程中，我们也需要探求地球的发展史，由地下开始寻找远古痕迹，搜集断续的片段，将文物变迁的资料及有利于追溯自然各时期的文物集中在一起，建构成系统的证据，最终使大自然的发展历程还原其中。这种研究自然史的方法是唯一的，因为这样才能在广袤的空间中找到一个支点，在漫长的时间旅程中进行标注。

◎ 宇宙的发展

我们通常使用两种标准界定人文史：一种为时间维度，因为我们不了解人类出现以前的历史；另一种为仅能够覆盖一部分很小区域的空间维度。但自然史的界定却与此不同，自然史不仅包括一切时间和一切空间，而且其仅受到宇宙的限制，其他任何物质都不能限制或影响它的发展。

当我们追溯历史时，由于时间和空间的限制，如果没有编年纪事在时间的长河里为我们指路，我们就像身处黑暗之中，看不清事物的变化过程。但即便有编年纪事，当我们将目光投向前面几个世纪时，我们就会发现依然有很多问题存在，以至于影响我们判断事物变化的原因。同样地，如果我们继续向前追溯，发现的问题会更多，因此研究历史相当于在黑暗中摸索前进。

另外，有记载的历史仅包含了为数不多的民族的生存状况，而这只是整个历史洪流中的一小部分。可见，人们对那些没有记载的历史了解甚少。在许多人眼中，历史上的人物就像海市蜃楼一样若有似无，消失后更是没有痕迹可循。希望那些因罪恶或者血腥而被人们称为英雄的人物，能像历史洪流中的无数普通人一样被逐渐湮没。

出现上述状况的原因是，人类对人文史有着双重限制的界定：在时间上，我们完全不了解人类出现以前的历史；在空间上，人文史能覆盖的区域范围极小。然而在自然史的界定上却并非如此，尽管自然史也包括一切时间和空间，但与人文史不同的是，其除受到宇宙的限制外，自然史不会受到任何其他物质的影响。

大自然由物质、时间、空间等共同组成，因此自然史即为关于一切物质、时间、地点的历史。从字面意义上看，人类认为大自然非常伟大，质地恒久不变，形态也很稳定。即使是大自然生成的最脆弱、最易消逝的物质，我们也能够发现大自然在其中所维持的一种恒定的状态，因为这些物质总是维持着一定的性质，长年累月地不断出现在我们眼前。但是，细心研究我们就会发现大自然绝对不是一成不变的。科学家发现，在漫长的时间进程中，大自然逐渐发生了显著的变化，生活在其中的物质也在不停地变化，有时甚至会以新化合物的形式出现，或者以某些实体为模型而不断地发生变化。整体而言，大自然的表面像是静止不变的，但从它的组成成分来说，大自然始终在发生着变化。因此，我们有理由相信，现在的大自然与原始大自然的形态具有很大差异，与大自然长久以来陆续表现出来的形态也有很大的差别。

科学家将大自然的这种变迁过程称为"自然的世代"。大自然曾经经历过多种变迁，例如大地表面曾出现过的各种形态，天空中繁星的位置变化。宇宙中的所有物质包括意念中的一切事物都处于运动状态，究其原因有以下两方面：一方面源于自然本身，另一方面源于人类活动。因为人类可以通过自己的智慧改变自然、驾驭自然，从而让自然顺应人类的要求，满足人类的需要。古时候的人们探索和耕种大地，并且不断地向外扩展，因此现代的大地与最初的必然有着很大的差别。历史上寓言盛行的时代毫无疑问是科学和真理的黑暗时代。那个时代的人基本处于半开化状态，人口数量较少，生活分散。那时的人类没有开发自身的潜力，对自己真正的实力和团结的力量没有太大的概念，更想不到要去利用群体的力量进行协同劳动，从而让宇宙间的万物得到充分的利用。

因此，我们要实地考察新被发现的地区，更要到那些人类尚未涉足的区域进行研究，这样才会得到一些关于自然原始样貌的信息。即便如此，与五大洲被海洋覆盖还未出现的时代、鱼类生活在海底平原上的时代以及高山仍为海中礁石的时代相比，我们研究的那些所谓的"原始"也不过是一些近代的东西。

从上古时期直至有文字记载的时代，其间发生过多少变迁，出现过多少可能的情况，以及在人类出现之后发生了多大程度的激变，掩埋了多少事实，我们都无从考证。经过长时间的观察与将近30个世纪的培养，人类才逐渐意识到要去认识大自然、了解大自然。尽管如此，我们仍旧无法对整个地球面貌有更深一层的认识。人类在前几年才刚刚确定了地球的地貌，而对地球内部的了解仍旧是纸上谈兵。科学家现在的目标是弄明白地球构成元素的次序和分布。而且，人们才刚刚开始研究原始的大自然与现如今的大自然有什么不同，也才刚刚明白要根据已知的现实状况去推测古老时期的状况。

不过，由于时间的限制，利用对当前事物的了解来推测过去事物的存在状态，即凭借现存事实推测过往，是了解被埋没的真相的最好方式。为此，我们要把全部力量集中起来，而这需要借助以下三点：一是那些了解大自然起源必不可少的事实；二是大自然原始时期的各种地壳运动；三是大自然的后续发展阶段中新出现的各种物质之间的联系。在这之后，利用推论法，我们可以将这些线索连在一起形成一个系统，使我们对自然产生一个全面、清晰的认识。

人类进化

◎ 洪荒时代

为了让陈述更加清晰明确，我会从洪荒时代的早期开始从头讲述。时代最初的时期，水以蒸汽的形式飘浮在空中，随后才逐渐凝聚成水，降落到炙热、萎靡、干燥、龟裂的地面上。在大地开始逐渐冷却凝固的过程中，其中具有挥发性的物质开始分解与结合，随后迅速地落到地面，形成一种难以描述的奇妙景象。空气和水中的元素慢慢分离，风暴与浪涛共舞，以旋涡的姿态向缕缕青烟冒出的地面倾泻下去。一开始，大气层会阻挡光线，但后来慢慢变得纯净。这些被净化的大气层，如今又被浓烟般的云雾遮盖。洪水来了又去，不断翻滚着，反复被热浪蒸馏。空气中具有挥发性的物质经过升华从中分离，或快或慢地降了下来，并与周围的空气交换着热量。

可以想象的是，洪荒时代的洪水几乎将整个地球都淹没了，其自身也在不停地翻滚涨落。与此同时，月球的引力作用以及狂风的侵袭，使得洪水不断翻滚，四处奔腾。在其肆意的过程中，地面上的沟谷不断被冲刷着，沟壑不断加深；那些不够坚实的高地被冲垮，不够坚固的山峰被铲平，绵延山脉的山脊部分也被摧毁。后来，洪水逐渐退去，沉积到地下，并冲击出一条地下道路。地下洞穴在洪水不断的冲击下崩塌了。最后，洪水都汇入深不见底的山渊，地面上的洪水逐渐退去。地下洞穴是由地火燃烧而成，遭到洪水的冲击后被冲垮，而

电闪雷鸣

且冲击仍在持续。洪水水位降低明显源于地下洞穴的坍塌，而且事实证明这也是引发洪水退去的唯一原因。

◎ 最古老的物种

一般来说，像贝类和其他海洋生物这种最为古老的物种，比较容易出现在海拔高的地方。在对自然史的研究过程中，将收集来的较高海拔地区的海洋生物与较低地区的进行比较，能够发现很有趣的事实。

能够确定的是，如今那些在海拔很高的地区被发现的贝类或者其他海洋生物，属于自然界最古老的物种之一。将其与出现在海拔较低地区的海洋生物进行比较后发现，有些掩埋在丘陵中的贝壳属于未知物种，即在现代的海洋中无法找到与之相似的活贝壳。在未来的某一天，如果科学家可以收集到海拔最高地区的所有贝壳，并整理分类，也许就可以判断出哪些是古老物种，哪些是现代物种。某些已知的化石的存在证明了我们已经确定的某些陆地和海洋生物，确实于遥远的古代便已经存在。遗憾的是，现在的地球并没有发现与之相似的物种。而且，古老物种的数目远高于现存的同属物种。

举例来说，尖锐粗大的牙齿化石重五六千克，拥有这种巨大牙齿的生物或者是已经变成化石的鹦鹉螺，它们的身长都在七八米，高都在一米左右。这些动物必定属于大型兽类或者贝类，它们生活在自然不断稳定向前发展的时期。这时的自然界具有高温制造有机物的强大能力，制造出的有机物较为分散，难以与其他物质融合，但其自身可以自动聚集，形成较大体积的器官，以便形成巨大的躯体。这就很好地解释了地球初期存在许多庞大物种的原因。

大自然在原始海洋的基础上不断形成现在的海洋，而且在海水无法漫到或者已经退去的地方形成现如今的陆地，并孕育生命。当时的陆地类似于海洋，地表温度远高于现在地球的温度，只有能够抵抗

海洋生物化石

酷热的生物才可以生长。科学家发现，许多古生物遗迹都来于地下，主要分布在煤矿或者青石矿中，这就意味着古老时代的某些鱼类和植物已经灭绝。因此，海洋动物的出现时间可能在陆地植物出现之前不久，两个时期不会相隔太远。海产品方面具有较多的化石，其都具有很明显的特征，但陆地方面的证据也十分具有说服力，所有这些证据都能说明海洋生物和陆地植物中古老种类已经灭绝。也就是说，当海洋和陆地上的环境不再适宜自身生存时，这些种类无法完全适应变化的自然，所以被自然逐渐淘汰。

◎ 洋流和火山对地形的影响

洋流通常由东向西流动。自然界的这种普遍现象导致各个大洲的西海岸一般都堆积得较高，而东海岸由于海水的冲刷通常为比较平坦的斜坡。

如前所述，早期地球长期处于滚滚热浪和火焰熊熊的状态，这段时间长达3.5万年，在此期间没有任何生物存在。后来，在距今1.5万年到2万年的这段时期，地球上是一片汪洋大海。从理论上推测，地球必然需要长时间的演化，大气温度才能够慢慢降低，洪水才可以退

炽热的岩浆涌入海里

去，地球表面才能慢慢形成现如今的样子。[1]

但是，海洋除对地球内部产生作用外，还会对地球表面的一些地区产生影响。综上所述，各大洲的最南端往往都呈一个锐角，这可以推测出洪水由南极而来，所以将陆地的南端冲击得比较尖锐。然而，当洪水覆盖了全部地表后，海洋便处于一种平衡状态，那么洋流就会停止由南向北的运动。此时的海洋只会在月球的引力下运动，而该引力与太阳的引力相互作用，形成了潮汐和由东向西的洋流运动。

---

[1] 这里的时间仅是布封的一个推测。布封生活的年代地质学才刚起步，相关知识还比较匮乏，因此推测出的数据与现代差别较大。

洪水刚开始泛滥的时候，是由两极涌向赤道，因为两极地区的温度最低，导致雨水首先降落在两极，随后逐渐向赤道地区扩展。当洪水淹没赤道地区后，其建立起恒定不变的由东向西的运动。这种运动产生于早期地球洪水还未退去的时期，并且一直维持到现在。既然洋流普遍都是自东向西运动，那么其产生的结果也是普遍存在的：各大洲的西海岸地势高耸，东海岸较为平坦。

当海水缓慢下降时，各大洲的最高点逐渐显现。它们就仿佛被拔掉塞子的通风口，不断地向外喷出火焰。这些火焰来自地心，由某些物质沸腾后形成，同时也成为火山喷发的燃料。这种情况发生在第二阶段末期，此时的地球表面不是水就是火，它们共同吞噬着大地，就好像恐怖的地狱一般。陆地生物是在第二阶段结束时形成的，那时洪水已经退去，所以没有物种曾见过这般可怕的景象。科学家根据那时欧洲和美洲两个大陆的北端相连的证据，推测洪水已经消退。这时期的火山数量也急剧减少，火山爆发的条件之一为水火交融，而那时洪水消退，与火山相隔一定距离，所以火山爆发便相应减少。

第二阶段刚刚结束时，即地球形成五六万年之后，那时会是什么样的情景呢？低海拔地区到处都是水，充满深水滩、激流和旋涡；海底或地表火山的爆发，以及层出不穷的地震，引发地下洞穴的坍塌；泛滥的洪水、汹涌的江河，伴随着地震的洪流和掺杂着熔化的玻璃、硫黄、沥青的激流，一起奔腾着摧毁高山，流进平原，侵蚀地表水；水汽聚集成的云团、火山爆发产生的大量灰尘与碎石形成的浓雾遮挡了空中的太阳。此等恐怖景象幸好已经过去，后来才逐渐诞生了动植物。但正是有了这些极端的环境，才最终诞生了地球上的生命。

◎ 初民生活

最初，地球表面总会时不时地颤动。初民为了躲避洪水的袭击，只能逃向高山。然而，火山的爆发又会将他们逼回一直颤抖的大地。

初民赤裸身体，仍然保持着未开化的状态，忍受着大自然的风吹雨打与猛兽不时的袭击，所以那时大部分人的寿命都很短，造成人口数量无法增加。身处其中，初民对周围的环境感到深深的恐惧与不安，在生存压力面前，他们体会到集体的力量。将他们团结起来的动力源于共同抵御大自然的侵袭与猛兽的攻击，以及建造住宅、制造武器等。此时的武器多是由硬石块、玉石和"雷石"打磨成的斧形石头。

后来，初民无意间发现用石块互相敲击会出现火花，由此学会了打火。初民还会利用火山的烈焰或者炙热的熔岩点火，在森林或者荒野中开辟出适宜生存的环境。这个时期，初民在武器和火的帮助下可以开辟出

名词解释
mingcijieshi

雷石：这是一种古人认为由云端陨落，雷火打磨而成的神石，其实为一种自然状态下形成的某种矿石或陨石。

一块净土，消除原有的毒害。他们会用石斧削下树枝和树干，截成一段段木块，用于制造更多的武器和工具。在制造出大锤及其他笨重的防御性工具之后，他们又制造出轻巧便携的武器，以便从远处射击目标。他们用一根兽筋拧成绳，将其与一根可以弯曲的结实树枝相连，由此造出了弓；随后又将一些小木块削尖，由此制成了箭；最后，他们又制造了渔网、木筏、小舟等工具。

如果一个家庭就能发展成一个社会，或者几个家庭发展成社会，那么初民的社会将永远停留在原始阶段。事实上，直到现在依然有部分人在以这种方式生活。他们与世隔绝，自给自足，满足于当前的状态。只要生活空间足够大，猎物、鱼类、果实等食物充足，他们便可以生活得无忧无虑。然而，假使洪水或者高山将人们生活的环境与外界隔绝，一旦人口数量增长得过高，他们就只能瓜分土地，使土地成为私有财产。人们不断地通过自己的劳动占有产业，并使人类产生了对土地的依恋之情。这导致民族利益与个人利益相互影响，于是秩序、规则、法律等社会附属品便应运而生。等到社会稳定后，各种社会力量就会共同作用其中。

不过，初民深刻地知晓最初生活环境中的各种灾难，他们保留着苦难经历的永久记忆。他们认为人类会被肆虐全球的洪水淹没，或者被一场雷火烧死。他们之前曾逃到某座山上避难，并逐渐对其产生深厚的感情。但当这座山爆发山火时，他们会认为它变得非常可怕。当他们看见大地上水火相争的情景时，他们会编出许多神话。他们相信

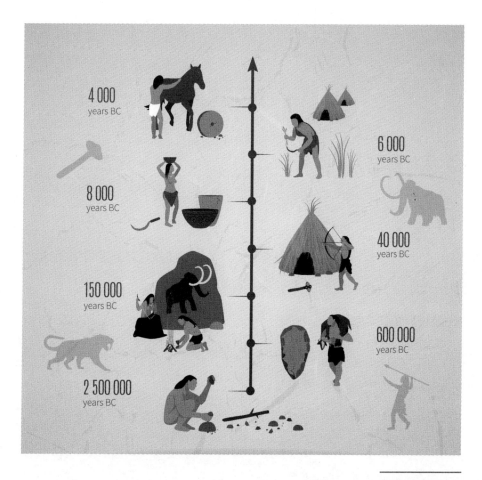

世界上一定存在着凶神恶鬼，这便是最初的迷信和恐惧。这些以恐惧为基础建立的感情，此后便牢牢地刻在人们的记忆中。寒来暑往，即便暴风雨之后迎来了宁静，也了解了大自然的活动和可能发生的后果，初民的心情始终无法平静。也许只有在稳定的地区建立了庞大安定的社会后，人们才会有多余的精力彻底了解自然的各种活动和后果。

◎ 科学与和平

在历史不断向前推进的过程中，人们逐渐意识到荣誉得失的虚无缥缈和欢笑悲伤的过眼云烟。他们懂得科学才是真正的荣耀，和平才能使人类真正幸福。

仅在3000年前，人类才开始运用自身的力量改造自然界，并将这种人与自然的合力扩展到其他领域。在此之前，许多宝藏都有待挖掘。在人力与自然力结合之后，人们才逐渐探索到地球上的宝藏，并着手开始挖掘。尽管仍有许多埋藏在深处的宝藏未被发现，但假以时日，人们最终会将它们开采出来。因此，无论何时何地，只要人们脚踏实地地做好自己的分内之事，必定会得到大自然的馈赠——在宝藏中选择有利于自己或者能够满足自身需要的东西。

人类运用智慧驯养、驾驭、征服了很多动物；通过劳动治理沼泽，疏通河道，消除险滩急流，开辟森林，开垦荒地等；依靠思考来计算时间，测量空间，描绘天体运行等，比较天体和地球，加深对宇宙的认识；利用科学技术横跨海洋与高山，缩短了生活在不同地区的人之间的距离；还不断探索、发现新的大陆和岛屿，进一步扩大人类居住的范围。总而言之，大自然如今到处都有人类留下的痕迹。

人为力量尽管由自然力衍生而来，但往往表现得更强大。它以自己的方式慢慢地改变着大自然。因此，大自然的全面发展与不断完善，离不开人为力量。

那么，将原始自然与人类改造后的自然进行比较，将人数较少的美洲野蛮种族或非洲半野蛮民族与人数众多的文明民族进行比较，

农场风光

并且研究那些居民生活的土地状况，我们就会发现那些人只发挥了很少的作用。那些半野生状态或者未开化的民族在土地上只留下了很少的改造痕迹，没有意识去改造大自然。他们虽然在不断耕种，但只会使土地承受能力达到极限，而不懂得土地休养生息的知识。这些人的破坏多于建设，消耗多于创造。然而，比起这些尚未开化的人，那些初步开化的人才更加让人心寒。他们罔顾人性，现在的文明仍然难以改变他们。他们曾经破坏了许多乐土，摧毁了幸福的萌芽，无视科学成果。曾有过人类繁华痕迹的北方地区，后来却变成了人类灾难的来源。人们曾经多次目睹这群野蛮人由北向南迁移，沿途破坏他人的生活，打破了原有的和平。通过查阅各国的历史，其中记载着2000多年的战祸，和平时期屈指可数。

自然界利用6万年将地球表面的高温降低到适宜生物生存的温度，使地球表面成型并稳定。与之相比，人类需要多长时间才能安定下来，不再相互残杀、相互敌视呢？人类何时才能领悟到和平、安静的意义，去找寻真正的幸福呢？他们如何才能够控制自己的欲望，摒弃统治世界的妄想，停止侵略弊端极大的远方殖民地呢？举例来说，西班牙与法国的领土面积相近，但西班牙在美洲的殖民地面积比法国大10倍，这难道说明西班牙要比法国强大10倍？而且，西班牙将大量精力用于开发海外殖民地而不是开发本国资源，会使自己变得更加富强吗？另外，原本为绅士之国的英国现在也致力于大肆开发海外殖民地，殖民地数量多到有"日不落帝国"之称，这难道不正说明英国已经抛弃了往日的深谋远虑了吗？这样看来，在对待殖民事业的问题上，古人相较于现代人目光更加长远。古时候，只有在人类的数量超出土地的负荷时，人们才会考虑移民，以保证土地和商品的供应足够维持需求。一提起蛮族南侵，人们下意识地就会认为非常恐怖。但事实上，当时蛮族的活动范围仅限于一些气候寒冷、土地贫瘠的地区，

此图为美国画家本杰明·韦斯特（1738—1820）创作的《爱德华三世渡索姆河》，反映英法百年战争中的战斗情景。

他们生活区域的周边就拥有肥沃的土地，可以为他们提供更多的生活资料，所以他们才会多次南侵。即便如此，仍不可改变的是，他们的南侵依旧是血腥的。

人类的愚昧是造成这些血腥事件的原因，此处不再多加叙述。我由衷希望文明民族间可以相互制约而达到平衡状态。尽管这不一定是最完美的状态，但至少可以使现如今的安定生活维持下去，这也是大势所趋。人们对自己的真正利益有所觉察时，就会意识到只有社会稳定，才能得到最大化的利益。这也是我希望人类明白的和平与安宁的意义，并且希望人类能为之不断努力奋斗。因此，君主若可以放弃征服的欲望，否定谋士唯利是图的想法，看清他们的好大喜功、从中谋取利益的本质，世界就会变得更加安定。

假设社会正处于和平状态，那么人力在这种情况下对自然产生的影响可以有多大呢？如前所述，地球的温度在逐渐下降，人力可以逆转这种趋势，使地球的温度逐渐回升。假如法国也和加拿大一样人烟稀少、森林丛生，那么处于同纬度的法国巴黎就会像加拿大魁北克一样寒冷。改善环境，开垦荒地，迁移人口可以维持某一个地方的温度，使其在几千年内保持恒定状态。这对于"地球冷却说"（地球在逐渐冷却的事实）带给人们的疑问来说，是一个很好的解答。

此时，有的人会疑惑，按照这个说法，地球现如今的温度应该比2000年前低，但一些贯穿古今的事实却证明情况是完全相反的。举例来说，古代高卢（法国）与日耳曼都有驯鹿、猞猁和熊等动物，但随着时间流逝，这些动物都迁移到北方，这种北迁趋势与之前设想的南迁的趋势截然相反。而且，塞纳河的某一流域在过去会于冬季结冰，但如今已然不会再出现结冰的情况。这些事实证明了"地球冷却说"的错误性。然而，如果现在法国和德国仍然像古时的高卢和日耳曼一样爱护自然，不去砍伐森林，而去治理沼泽、疏通河流、开垦荒地，那么以上这些情况绝对不会出现。世人应该对自己的行为做出反思，地心热量的减退在日常生活中是可以体会到的。地表温度由疯狂高温下降到如今的温度用了6万年，即便再过一个6万年，地球的温度也绝

猛犸象

不会降到生物无法生存的地步。除此之外，我们将这种缓慢的冷却与空气中偶尔出现的寒冷气流进行比较后就会发现，如同夏季的最高气温与冬季的最低气温只相差三十几度一样，对温度变化的影响而言，外因要远高于内因。可见，高空寒流被湿气吸引向下或是被气流挤压到地面，只会作用于气温的变化，而非使地球冷却。

由于生物具有新陈代谢，在活动的时候会产热，在代谢的时候会散热，因此当其他条件相同时，一个地区的温度是由人、动物以及植物数量的比例来决定的。因为人和动物会向外散发热量，而植物会吸收热量，使温度降低。除此之外，人类学会用火之后，也使人口密集地区的温度逐渐上升。在寒冷季节中，巴黎的圣豪诺勒郊区的气温比圣马索郊区的气温低两三度，就是因为圣马索郊区的人口更多，当空气经过这个地区时会吸收烟囱中散发的热量，从而使该地区的温度升高。另外，同一地区也存在森林导致的气温差异，因为树木会吸收太阳的热量，释放湿气。湿气会缓慢形成云朵，以雨的形式落到地面上。云层越高，落下的雨就越冷。如果树木是在自然状态下成长的，那其枯萎后会在地面慢慢腐朽。如果该地区人口较多，这些树就有可能会被砍伐，并作为木材燃烧放热，使该地区的温度上升。

温度的高低决定了大自然的能量总值。一切有机体的生长和发育都会影响大自然的能量变化。因此，人类通过控制万物的生长，改变温度，以期消除对人类发展不利的物质，发展有利于自身的物质。在某些地域内，多种因素能达到平衡，可以互相影响，控制温度，达

被人类驯化的动物

到很好的效果。但是，想在一个地区发展之初就具备这种条件是不可能的，也不可能存在不需要人力疏导水流、消灭杂草、驯养动物并繁殖的地区。在历史发展的过程中，人类从地球上生存着的300多种兽类和1500多种禽类中，选择了20种进行人工饲养，即骆驼、马、驴、黄牛、奶牛、绵羊、山羊、猪、狗、猫、兔子、南美羊、水牛、鸡、鹅、火鸡、鸭、孔雀、鹌鹑、鸽子。自然界中的这20种动物，数量众多，同时也具有极高的经济价值。它们数量多是得益于人类的养殖，人们利用科学知识驯养它们，并使其大量繁殖。在不懈努力下，这些牲畜终于为人类所用：耕地，运输产品，成为人类衣食的来源。总之，它们会满足人类大部分的需求，无私地服务于人类。

　　在人类选择的这几种禽兽中，鸡与猪的繁殖能力最强且分布范围最广。这从侧面说明旺盛的繁殖能力可以抵抗多种不良环境。它们可以在人烟稀少的岛屿生存，即便是最偏远的地区，也依旧会有鸡和猪存在——它们是随着人类的迁移而到此地繁殖的。在过去的南美洲，任何家畜都还没有被殖民者带来时，贝卡利猪与野生鸡就已经在此繁衍生活。虽然它们比欧洲本土同类的体型要小，外观也存在一些差异，但它们属于同一物种，且均可被人类驯养。然而，当时南美洲的未开化民族并不是聚集在一起生活的，也不喜欢饲养动物，所以没有驯养任何牲畜。他们无法区分禽兽的优劣，也不会选择一种动物进行饲养并让其大量繁殖。因此，尽管那时他们周围生活着许多繁殖力很强的动物（如鹌鹑类中的合科鸟），他们也没有想过要去驯养这类动物。事实上，只要他们肯花费一些精力驯养，这些动物就能为他们解决衣食问题，而且不用再去辛苦地打猎。

因此，懂得了如何控制禽兽代表初民走向文明的标志。这种技能逐渐帮助人类战胜自然界，获得了统治自然的最佳力量。在驯服野兽之后，人类就可以借助野兽的力量来改变大自然，例如，将荒原变为良田，将野生植物变为良木，等等。初民在驯养野兽的同时增加了大地的活力和生命力；通过培育动植物来提供自身新陈代谢所需的能量，既使自身的生命得以正常运转，又提高了自身生存技巧，还帮助动植物得以繁衍。初民的努力使大自然变得富饶，人口得以增长。古时一个容纳二三百人生活的空间，如今已经容纳了几百万人；之前某些没有牲畜存在的地区，现在也已经繁衍了成千上万只牲畜。人类不断探索发挥自身的力量，是为满足自己的需求，因此不断培育出更多的品种优良的牲畜。对于植物，人类选择改良那些会结果实的植物，以便其结出更多的果实。

现在，在我们生活中发挥重要作用的谷类粮食并不是大自然的馈赠，而是人类发挥自身智慧培育出的品种。大自然的任何区域都没有不经人类种植便能生长的小麦。显然，小麦是经人类改良后才有的一种植物。因此，最初的小麦应该是人类从自然界中千万种草里选择出来并逐渐培育出来的。人类在地里播种小麦的种子，在麦穗成熟后将其收获，其间还经过多次杂交，最后才准确掌握了合适的施肥量和耕

此图为荷兰画家文森特·凡·高（1853—1890）创作的《收获景象》。

种期。尽管小麦与其他一年生植物一样，果实成熟后就会枯萎死亡，但它的幼苗能够抵抗严寒，可以适应多种气候，且种子能够长时间储藏而不丧失繁殖能力，因此小麦成为人类最主要的粮食作物之一，也是人类智慧的结晶。有记载证明，在发现小麦之前，人类已经掌握了具有一定科学性的种植技术，并且会在种植的同时不断改进技术。

　　举例来说，在改变植物性能方面，只要将150年前的蔬菜、瓜果、花卉与现代的相比较，就能说明人类在其中发挥的作用。从古至今，人类一直在编纂关于花卉分类的索引，但直到今天这份工作依旧没有完成。根据这本索引的记载，我们可以很明显地看出，前后所记录的花卉之间存在很大差异。之前人们眼中那些非常美丽的花卉（如丁番、马兰、熊耳等），如今看来都是非常普通的花卉，甚至鲜少有人会提及它们。虽然这些花卉在很早的时候就已经被人们种到了花园里，但它们并没有发生改变，形态依然是原始的自然状态，花瓣只有一重，雌蕊很长，颜色不鲜艳，没有茸毛，色泽也不鲜亮。过去，菊苣和莴苣这两种蔬菜只有一两个品种，而且质量一般，如今市面上可以见到50多种可以食用的菊苣和莴苣。同样地，优质的水果也是距今不远的时期才开始出现，而且尽管它们从未改变过名字，但口感、色泽等方面却有很大差异。现代物品与过去的相比，虽然在一般情况下本质没有发生变化，但它们的名字发生了改变。举例来说，将现在的花卉、果实与古希腊作家笔下的进行比较后就能发现，古希腊时期的花卉均为单层，果树都是一些品质较差的野树，结出的果实很小，又酸又涩，口感发柴，既没有现在的水果好吃，也没有现在的水果好看。

但是，野树也可以变成品质优良的品种。人们曾为了从自然界的野树中挑选出优良品种，而将成千上万棵幼苗栽到土地中，慢慢培育。经过反复播种、培育幼苗，使其结出果实，筛选出果实甜美的树，以此为亲本不断杂交得到优良树种。行百里者半九十，尽管初步的探索已经耗费了许多精力，但第二个、第三个以及之后的很多探索仍然需要不断完成，否则之前的努力便会付诸东流。人们进行的第二个探索是将树木进行嫁接，即把挑选出来的树嫁接到另一优良树木

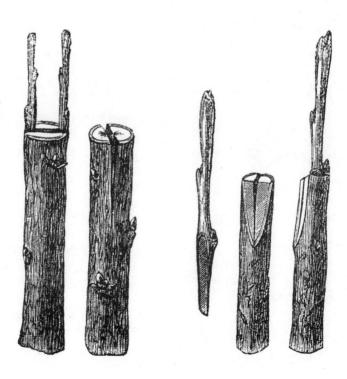

嫁接的具体方法为，在砧木上开一个小口，将能够结出优良果实的苞芽或者小枝插入砧木。之后，苞芽或小枝会继续生长，最终结出结合了两种果树优势的果实。尽管这些树苗是嫁接在砧木上，但它们并不会遗传砧木的品质，因为砧木没有向子代提供遗传物质，它的作用仅是作为营养供体向幼苗输送养料，方便幼苗的快速生长。

中，以便发挥它们各自的优势。但遗憾的是，挑选出的几棵树种无法将其优良性状繁衍到子代中去，长出像它们一样优质的小树，这说明优良品质属于个体特性，而非群体普遍性。因为那些优良果实的种子或核与其他普通果实的没有什么区别，最后长出来的都是野树，因此单凭它们无法形成新品种。后来，人们通过树木嫁接的方法培育出了与原来不一样的第二类品种，并推广这个品种。

在动物界中，许多特性看起来属于某一动物个体，但其往往属于整个种族，因为种族内可以通过相同的方式进行遗传。因此，从某种程度上说，比起对植物品性的影响，人类对动物品性的影响要大很多。对于动物来说，同一物种往往具有相似的变化，而这些变化都能够以有性生殖的方式传递下去。但对于植物来说，由于无性生殖占绝大多数，有些物种的变形无法通过繁殖来延续。举例来说，人们培育了很多鸡类和鸽类的新品种，其又都繁殖了后代。人们也可以通过杂交的方法培育改良其他禽类的品种。另外，人类还可以将外来物种移植到本地，或者驯化野生品种。以上种种事例都表明，人类在意识到自身的力量之前经历了漫长的时间，并且直到现在仍没有挖掘出全部的力量。人类运用自身的力量和智慧创造了文明的历史，因此越深入地研究自然，越能够改造自然，在大自然中发掘出新的财富。值得注意的是，人类到目前为止的发掘并没有削弱大自然的力量。

由此看来，对于人类而言，意识若受到智慧的引导，那么人类只要努力就可以做到任何事情。无论是生理还是心理上，只要人类可以不断改善自然状态下的自己，便会将自身的能力发挥到极致。

　　但是，全世界范围内政治发展程度接近完美的国家数量少之又少。在我看来，政治的最终目的都是通过和平稳定的社会、富强的经济、各种行之有效的福利政策等手段来保障人民的生活。即使这样仍旧无法提供绝对平等的环境，但也绝非是不平等的不幸环境。现在看来，还没有一个国家可以实现绝对的平等。保障人们健康的医药系统、不断改善人们基本生活水平的科学技术，以及为了战争而研制出

此图为法国画家欧仁·德拉克罗瓦（1798—1863）所绘的《自由引导人民》。

来的技术，是否都能算作人类历史的进步呢？我们不得而知。自古以来，人类总是在不断地满足自己的各种需求，其间多数时候都不计后果，从而忽略了对长远发展的估计。这样的结果也在情理之中，因为人类对未知充满恐惧，难免会做出错误的判断。一般情况下，人类会首先将这种恐惧转化为破坏的力量，之后才会逐渐接受这种恐惧，将目光转移到美好的那一面。后来，人们慢慢地厌倦了虚无缥缈的荣誉和无意义的欢笑，顿悟到科学与和平才是真正的荣耀与幸福所在。

第三章

植物的概念和种类

广义上，所有不是动物的生物都可以称为植物。植物和动物的区别从根本上来说是：

1.植物不会像动物那样自主运动；

2.植物是自养生物，在体内叶绿素的参与下通过光合作用摄取养分。

不过，这样划分动植物还是不够的，因为它无法将简单植物与低等动物区别开。为了更好地认识植物，我将从狭义概念上来讲述植物。

狭义上，植物包括苔藓植物、蕨类植物、裸子植物和被子植物。另外，藻类植物和真菌也可以划分为植物。

◎ 植物的细胞

无数的细胞构成了多姿多彩的大自然，因此我们从细胞开始探讨。作为植物的基本组成元素，细胞一般包括细胞壁、细胞核、线粒体、叶绿体、内质网、液泡等有机结构。

众所周知，细胞是生物的基本组成元素，植物也大都由细胞组成。但是，不同植物之间的细胞组成是有差别的，有些是单细胞植物，有些是多细胞植物。其中，多细胞植物结构较为复杂，由无数细

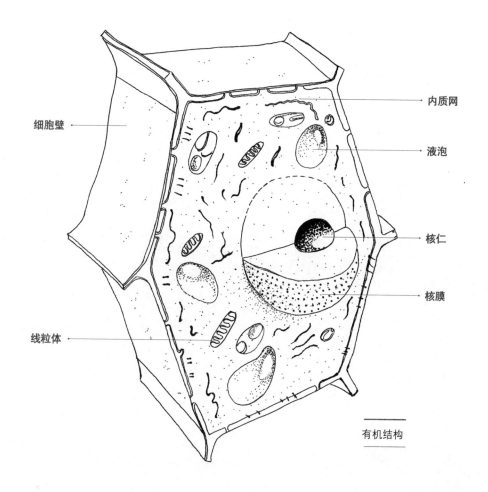

细胞壁

内质网

液泡

核仁

核膜

线粒体

有机结构

　　胞按照一定的顺序排列成多个组织，不同的组织连接成为器官，功能相似的器官构成系统，最终不同的系统形成植物体。

　　细胞壁是包裹在细胞外的一层厚壁，也属于细胞的一部分，其主要成分是多糖。与动物细胞相比，细胞壁是植物细胞的特有结构。植物细胞壁由纤维素、半纤维素和果胶等构成，包括胞间层（中胶层）、初生壁和次生壁这三个部分。

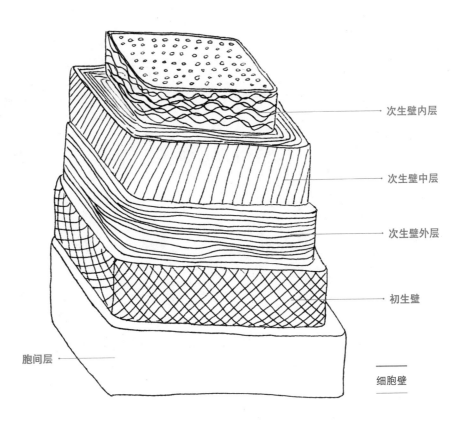

次生壁内层

次生壁中层

次生壁外层

初生壁

胞间层

细胞壁

mingcijieshi 名词解释

　　胞间层：细胞壁最外面一层，主要成分是果胶。果胶是一种没有固定形状的胶质，十分亲水，有着较强的可塑性，所以可以将相邻细胞粘连在一起。

　　初生壁：位于胞间层内侧，含有纤维素、半纤维素、果胶和少量的蛋白质。初生壁一般都很薄，有较强的柔韧性和可塑性，能随着细胞生长而延展。

　　次生壁：位于初生壁内侧，一般含有大量的纤维素，少量的半纤维素，通常还含有木质。次生壁较厚，质地坚硬，分为外层、中层和内层三层，可以增强细胞壁的强度。不是所有的细胞都有次生壁，而且次生壁在其所属细胞死亡后还可以起到支撑和保护植物的功能。

分生组织：是一类具有很强的分裂能力的细胞的统称。这些细胞通常固定生长在植物的某些部位，例如植物的根和茎的顶端。它们可以在植物的一生中持续分裂，为植物源源不断地供应新细胞。

原生质体：是细胞中除去细胞壁的部分，由原生质构成，主要包括细胞核和细胞质两部分。其是细胞各种代谢进行的场所。

不同的植物，同一植物不同的部位、不同功能以及处在不同时期的细胞壁，其结构和成分都是不一样的。例如，细胞在分生组织刚开始分裂的稚嫩时期，其细胞壁只有一层很薄的胞间层，随着细胞不断地生长，原生质体才逐渐分泌形成初生壁。

细胞最重要的组成部分是细胞核。它是细胞里最大的细胞器，主要包含核膜、核仁、染色质、核液等。细胞核在细胞的代谢、生长和分化中起着重要作用。细胞核载有的遗传物质，可以调控细胞生长，是细胞的"生命中枢"。细胞核中的染色质里包含承载着遗传信息的脱氧核糖核酸（DNA）。DNA由四种不同的碱基组成，而碱基的排列顺序中储存着生物体的遗传信息。一般情况下，遗传信息决定了植物自身和其后代的性状特征，所以说细胞核是细胞中最重要的组成部分。

线粒体位于细胞质中，是一种有着双层膜的细胞器，还是植物进行呼吸作用的场所。在线粒体中进行的呼吸作用，可以将糖转化成二氧化碳和水，同时以腺苷三磷酸（ATP）的形式释放能量，为细胞提供动力，可以说是细胞的"能量供应站"。ATP是一种高能物质，为细胞中的物质合成作用等耗能过程供能。

高尔基体由扁囊和小泡组成，参与细胞的分泌活动，同时也在细

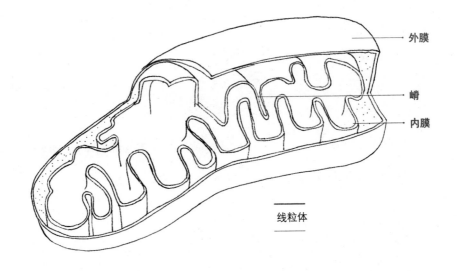

外膜

嵴

内膜

线粒体

胞壁的形成中发挥着重要作用。

叶绿体是植物的重要细胞器之一，含有植物中特有的叶绿素，其内部可以进行光合作用，即将太阳能（光能，为各种生命活动提供需要的能量）转化为化学能。光合作用就是利用光能使二氧化碳和水产生反应，合成储存有化学能的有机物，同时释放出氧气。可以说，有了绿色植物的光合作用，才有了地球上有机体的生存和繁殖。

叶绿体主要包括叶绿素、胡萝卜素和叶黄素这三种成分，其中大部分植物都是叶绿素含量最多，遮盖了其他色素，所以才会呈现出绿色。叶绿体主要由叶绿体外被、叶绿体基质、类囊体组成。叶绿体主要包含三种膜结构，即外膜、内膜、类囊体膜。膜与膜之间形成的腔也分成三种：膜间腔、基质、类囊体腔。类囊体膜是光能转化的场所，因此类囊体是叶绿体的重要结构。类囊体会一个堆一个地叠在一

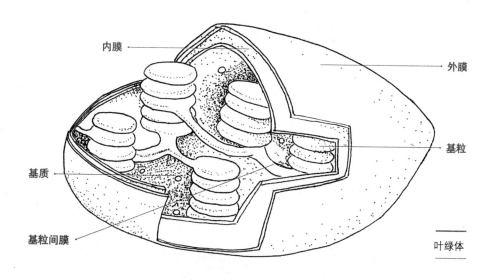

内膜

外膜

基粒

基质

基粒间膜

叶绿体

起，这些堆在一起的类囊体叫作基粒，光合作用中的暗反应就是在基粒上发生的。

内质网就好像一种连续不断的管道系统，主要由细胞内膜系统组成，分为粗糙内质网和光滑内质网两类。粗糙内质网里含有核糖体，可以合成或加工蛋白质；光滑内质网则主要负责合成脂类。

液泡是植物特有的一种泡状结构。一般只有成熟的植物细胞才含有中央大液泡，幼嫩细胞的小液泡会随着细胞的生长而长大，最后相互合并形成中央大液泡。中央大液泡占据了细胞整个体积的90%以上。因此，中央液泡会将细胞质和细胞核挤到细胞壁边缘。中央大液泡是判断细胞是否成熟的标志，也是区分植物细胞和动物细胞的标志。

液泡外面有一层薄薄的液泡膜，里面则充满细胞液。细胞液的主要成分是水，里面还含有很多无机盐、生物碱、糖类、蛋白质、有机酸、各种色素以及代谢废物等有机物和无机物，有时甚至会包含有毒物质。植物细胞之所以看上去都是鼓鼓的，是因为细胞液总处于较高的渗透状态。同时，液泡膜上面有许多微小的孔，具有一定的透过性，可以使小分子物质进出。由于液泡体积最大，所以大部分物质都聚在里面，使不同植物呈现不同的味道，例如，甘蔗茎和甜菜根的细胞液泡中含有许多蔗糖，所以它们是甜的；有些果实的液泡里含有大量有机酸，所以味道是酸的。

由于含有多种物质，细胞液的浓度很高。细胞的渗透压以及吸收水分就依靠这种高浓度状态，可以说，液泡与细胞的代谢息息相关。换句话说，植物吸收水分后，液泡开始膨胀，植物就会展开叶子；植物水分不足，液泡逐渐变小，叶子就会卷曲或打蔫。

◎ 植物的组织和器官

如前所述，细胞是构成生命体的基本单位，不同的细胞由于细分化具有不同的生理功能。这些不同的细胞聚集在一起会形成具有不同生理功能和形态结构的组织，不同的组织形成不同生理功能的各种器官，最终形成完整的高等植物体。

换句话说，细胞分化形成不同的组织，它们各司其职，保证了完整植物体的正常生理活动。无论是哪种植物，其细胞分化程度都决定了内部结构的复杂性和适应环境的能力。例如，被子植物的分化程度很高，其内部的组织结构复杂完善，因此被子植物在数量和分布上都居植物界之首。

根据结构和功能的不同，植物组织可以分成分生组织、基本组织、保护组织、输导组织、机械组织和分泌组织这六种。器官形成的过程中，首先由分生组织分裂形成其他五种组织，所以这五种组织又称为成熟组织。它们各自行使不同的功能，发挥不同的作用，相互配合，共同促进植物的生长。

细胞分化以后，聚在一起形成细胞群。这些细胞群具有不同结构、不同功能和不同形态，其中结构和功能相同、形态相似的细胞群又会构成某种组织。具有不同功能的组织按照一定的规律，排列形成具有一定功能的器官。一些器官会按照一定的顺序，共同完成一项甚至是几项生理活动，于是这些器官又构成了系统。这种形成系统的方式是大多数动植物都具备的，换句话说，动植物体内的各部分都有着密切的联系。

成熟组织的基本功能

	基本组织	保护组织	输导组织	机械组织	分泌组织
功能	现在多称其为薄壁组织，即负责植物新陈代谢运转的主要组织。例如，光合作用、呼吸作用以及各类代谢物质的合成和转化都由薄壁组织来完成。薄壁组织占据了植物体体积的大部分，将机械组织和输导组织包裹起来。由此可见，薄壁组织是植物体组成的基础。	这是一种覆盖于植物体表面，起到保护作用的组织，可以减少植物体内水分的蒸腾，控制植物与环境的气体交换，防止病虫害侵袭和机械损伤等。	这种组织顾名思义，就是植物体内负责物质运输的组织。例如，植物的根会从土壤中吸收水分和无机盐等物质，输导组织就会将这些物质运送到植物其他器官中，以维持植物的正常生长和繁殖。	这种组织可以对植物体起到支撑作用，具有较强的抗压、抗张力和抗曲挠的能力。换句话说，植物的硬度就是由机械组织决定的。	某些植物细胞可以合成一些特殊的物质，如生物碱、挥发油、树脂、杀菌素、维生素、糖等。这些被分泌出来的物质，有些会排出体外，有些则留在体内。而分泌这些物质的组织就是分泌组织，这种现象就是分泌现象。这些分泌出来的物质，有的可以保护植物，有的可以促进植物的生长，有的可以帮助植物传粉，等等。

　　生物体的器官比组织更加高级和复杂，且具有一定的生理功能，可以进行某些生理活动。动物体内有很多复杂的器官，植物器官就要简单得多。在植物界，以被子植物最为高等，因为它具有根、茎、叶、花、果实、种子这六种器官。而其他种植物的器官都没有被子植物这么全面完整：裸子植物有根、茎、叶、种子；蕨类植物有根、茎、叶；苔藓植物只有茎和叶；大部分的藻类都没有分化的器官，有些藻类甚至是单细胞生物，更别提组织和器官了。

第四章

光合作用和蒸腾作用

光合作用能将光能转化为化学能，由此使植物获得了能量和各种养分，这也是植物与动物最大的不同。同时，光合作用可以为地球上的动物提供氧气，使植物体生长，从而保证了动物的食物来源。可以说，从本质上讲动物是依靠植物才能存活的。通常情况下，植物吸收的水分除了有一小部分会蒸发掉以外，大部分都用于蒸腾作用。

◎ 光合作用

　　为植物提供养分的是光合作用，而植物本身为人类和动物的生存提供物质和能量。由此可见，光合作用是整个生物界中最重要的化合作用之一。

　　绿色植物在接受光照后，叶绿体利用光能将二氧化碳和水转化成有机物，同时产生能量和释放氧气。由此可见，植物细胞中的叶绿体在太阳光与地球生命之间搭建了一座桥梁。人类呼吸时，肺吸入的氧气就来源于植物进行光合作用时所释放出来的；人类食用的部分食物也是植物在进行光合作用时直接或者间接产生的有机物。

　　最初，人们认为植物中的养分来源于土壤，直到1773年英国科学家普利斯特利的实验才改变了人们的这一观点。普利斯特利在做实验时，用一个密封的玻璃罩先罩住了一只小白鼠和一支燃烧的蜡烛，不久后小白鼠死亡，蜡烛也熄灭了。随后，普利斯特利又将两盆植物分别和小白鼠、燃烧的蜡烛放在了两个密封玻璃罩中。经过几天观察后发现，小白鼠没有死亡，蜡烛不会立刻熄灭，而且植物也能够存活一定时间。据此，他得出结论，因蜡烛燃烧和动物呼吸而变得污浊的空气由植物净化干净了。人们以前对植物的认知由普利斯特利的实验改变了，并由此开辟了人类研究植物的新方向。在这之后，人们开始对植物不断深入地研究。

植物与动物的另一区别是消化方式。植物没有消化系统，其只能借助其他方式消化吸收所需养分。在充足光照的情况下，植物会吸收

普利斯特利的实验

大量光能来进行光合作用，制造自身生长需要的养分。植物细胞内的叶绿体对于光合作用起着重要的作用：叶绿体利用太阳光，将从叶子上的气孔吸入的二氧化碳和根部吸收的水分转化为葡萄糖。在这一过程中，植物不仅为自己提供了生长所需的养分，而且还会释放供动物和人类呼吸的氧气。

人类和动物的生存依靠光合作用，对于人类和生物界来说具有重要意义，因为其提供了基本的物质来源和能量来源。光合作用的意义主要有以下四点：

1. 植物体内的有机物大部分都是通过光合作用合成的。有人统计过，绿色植物每年制造的有机物大约有四五千亿吨，是全世界每年制造的化工产品总量的数倍，所以说植物是"绿色工厂"也不为过。

2. 光合作用帮助植物将太阳能转化为化学能，并储存在合成的有机物中。在地球上，绿色植物固定的光能直接或间接地给所有生物的生命活动提供了所需的能量。

3. 光合作用还可以调节空气中二氧化碳和氧气的含量，以此来维持二者的相对平衡。植物可以借助光合作用吸收二氧化碳释放氧气，而所有生物的呼吸都需要消耗氧气。据说，地球上所有生物每秒钟消耗的氧气约为1万吨。据此推测，目前空气中所有的氧气仅能维持约20年的消耗。地球上没有氧气，大多数生命也会随之消失。但是，植物的光合作用弥补了氧气的消耗，避免了上述情况的出现。绿色植物的光合作用吸收二氧化碳释放氧气，维持大气中氧气和二氧化碳的含量，使其保持相对稳定。

4.在生物的进化过程中，光合作用也发挥着重要作用。由于没有绿色植物制造氧气，地球最初是没有生命存在的。绿色植物的出现使大气中慢慢充满氧气，地球出现了会呼吸的有氧生物，并且种类逐渐增多。[1]

◎ 蒸腾作用

蒸腾作用是植物体内吸收和运输水分的主要方式，其作用原理是在植物体内形成压差，使植物根部的水分能够运送到植物枝叶。蒸腾作用对植物各种生理活动至关重要，如果没有蒸腾作用，植物的根茎便无法吸收水分，进而影响植物的生长。

植物体表面（主要是叶子）的水分以水蒸气的形式散发到空气中的过程就是蒸腾作用。其与物理学的液体蒸发不完全一样，而且要比后者复杂得多，因为蒸腾作用不仅受外界环境的影响，还受植物本身的调节和控制。另外，无论植物老幼，都可以发生蒸腾作用，所以即

---

[1] 现代理论普遍认为，地球诞生初期，原始海洋中逐渐积累了很多简单的有机化合物，如甲烷等。这些有机化合物在一些外力（如紫外线、闪电、辐射能等）的作用下，打破了原来的分子结构，重新合成了一些小分子的有机化合物，如氨基酸、核苷酸、单糖等，并由此诞生了早期生命。那时候的地球大气层的确是缺乏氧气的，所以最初的生命形式应该是厌氧菌。

便是幼苗也能进行蒸腾作用。

　　植物叶片是其进行蒸腾作用的主要场所。叶片上进行的蒸腾作用主要有两种方式：

　　1.发生在叶片角质层上的角质蒸腾作用；

　　2.发生在叶片气孔上的气孔蒸腾作用。

　　水分无疑对植物的生长起着重要作用，如果缺少水分，植物将遭受不可逆的严重伤害。植物的叶片表面有一层角质层，可以降低蒸腾作用对植物的影响，有效阻止水分流失。除此之外，植物叶片上还长有气孔，其精密结构保证了水分流失速度的缓慢。而植物蒸腾作用的

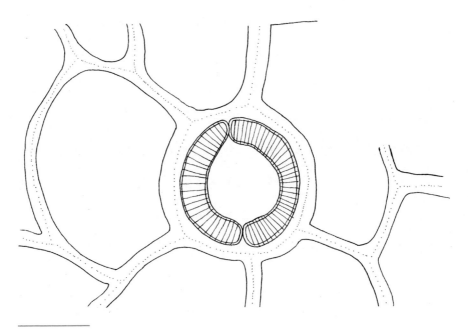

气孔的精密结构

主要方式是气孔蒸腾。

植物的光合作用可以说是为地球上千千万万的生物提供生存的条件，而植物的蒸腾作用则为其自身的生存提供条件，因为植物吸收水分和运输水分都要靠蒸腾作用才能进行。蒸腾作用形成的压差，使植物底部的水分被"压"到植物顶部。也就是说，没有蒸腾作用，水分就无法被运输到植物顶部的茎和叶中，导致整个植物体无法正常生长。另外，蒸腾作用还有降温作用，使植物的茎和叶的表面温度不至于过高，因为蒸腾作用带出去的水分提高了叶片周围的湿度，降低强烈太阳光带来的损害。一般植物的蒸腾作用在炎热的夏天最为强烈，就是为了增加植物周围的湿度，防止热损伤。而且，蒸腾作用带动液体上行的同时，根部吸收的矿物质和体内合成的有机物也会被运送到植物顶部。在进行蒸腾作用时，植物叶片上的气孔会打开，使植物可以更好地进行呼吸作用和光合作用。但是，蒸腾作用也会增加植物体内水分的流失。例如，一株玉米在成长过程中大约会消耗四五百克的水，但其中只有1%的水被植物体吸收了，其余的99%都用于植物的蒸腾作用。因此，植物生长比较茂盛的区域，环境湿度也会比较高，这也是具有热带雨林分布的赤道周围湿度很高的原因。

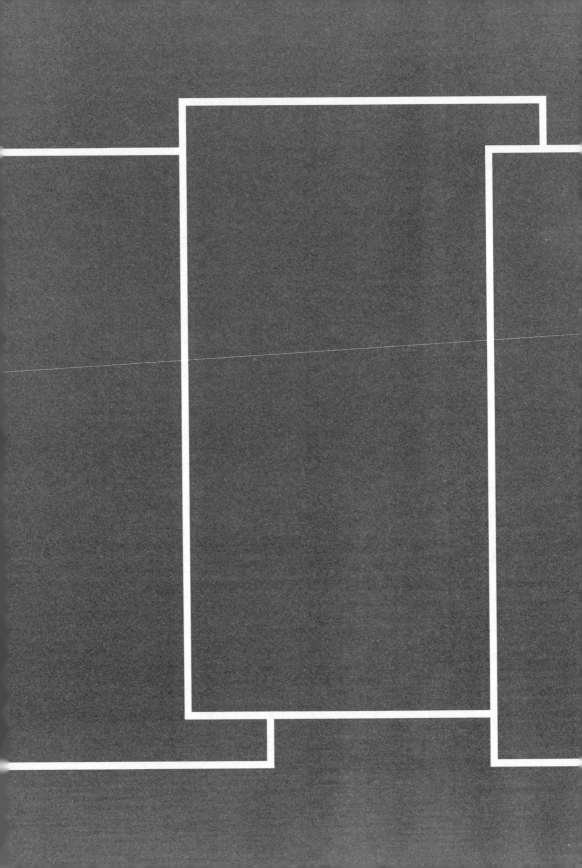

第五章

藻类植物

植物界中，最低等的一类就是藻类了。它们多由一个细胞组成，也就是说一个细胞担负着所有生理活动。藻类的种类有很多，包含不止一个独立的自然类群，并且在自然界中形成一个庞大的集群。根据这些植物的一些共同特征，人们将它们命名为"藻类"。这些共同的特征是，有叶绿素，可以进行光合作用，营养方式均为自养，生殖作用发生在整个生物体上。

◎ 蓝藻门和红藻门

蓝藻门是藻类植物中最简单、最低级的一种，也是最古老的植物；红藻门储藏的营养物质通常是独特的不溶性多糖——红藻淀粉。

蓝藻门

蓝藻门也称为蓝绿藻门，在所有藻类中是最原始的一种，也是地球上最古老的植物。早在30多亿年前，地球上就已经有蓝藻生活了。蓝藻的出现增加了地球氧气的含量，为其他有氧生物的出现打下了基础。

有机物含量比较多的淡水是蓝藻最常生长的地方，另外在湿土、

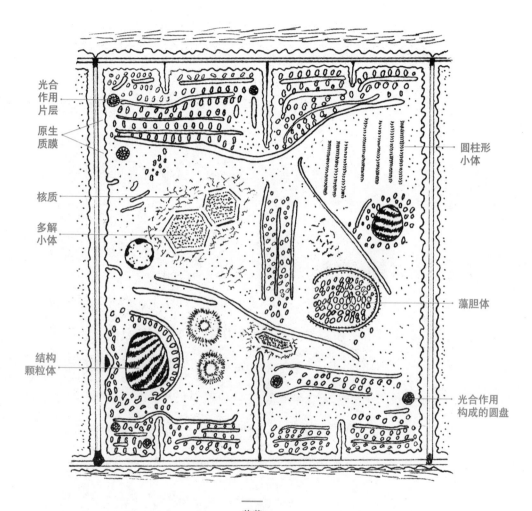

光合
作用
片层

原生
质膜

核质

多解
小体

结构
颗粒体

圆柱形
小体

藻胆体

光合作用
构成的圆盘

蓝藻

分裂生殖：个体在成熟后，一个细胞分裂成两个的繁殖方式。另外，有些像细丝一样的种类（多细胞组成），中间某些细胞死亡后，断成两段或几段，由此形成新的丝状体，也属于分裂生殖。

岩石、树干、海洋等地，也会出现蓝藻的身影。蓝藻的有些种类会与真菌共同构成地衣，有些种类会生长在植物体内，成为内生生物，还有少数种类生活在温泉或终年积雪覆盖的区域。蓝藻门植物的细胞壁不含纤维素，也没有细胞核，但含有细胞核的常见成分染色质，只是缺少核膜和核仁。蓝藻细胞内含有多种色素，不仅有常见的叶绿素和胡萝卜素，而且有藻蓝素、藻红素等特有色素。但与其他植物不同的是，蓝藻的色素分布在细胞质周围，而不是由细胞质包裹着。蓝藻在繁殖方式上不是采取有性生殖，而是采取分裂生殖。

某些蓝藻对于其他物种来说有着不可替代的作用，例如，项圈藻、念珠藻、筒孢藻等，因为它们具有固氮作用，可以将空气中的氮气固定下来使土壤变得更加肥沃。葛仙米、发菜、海雹菜等种类可以食用。不过，某些蓝藻门植物在大量繁殖时，会对环境和人类造成威胁。例如，在夏天，微胞藻、项圈藻等种类会快速生长，与其他物种争夺氧气，而且死亡后还会分解产生毒素，对鱼虾等物种造成病害威胁。

红藻门

藻类植物的另一个门类是红藻门，其大部分种类都是多细胞，体

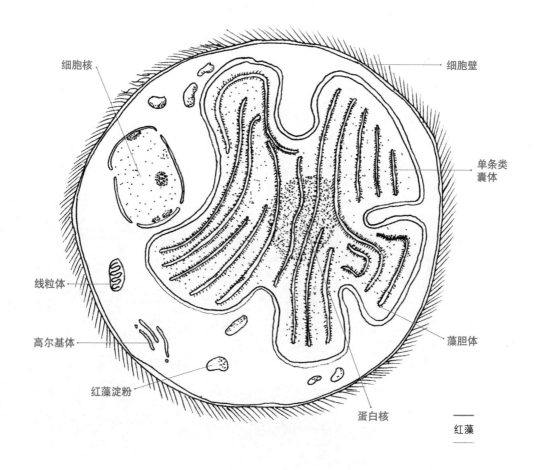

细胞核

细胞壁

单条类
囊体

线粒体

高尔基体

藻胆体

红藻淀粉

蛋白核

红藻

长由几厘米至十几厘米不等。红藻虽然名字里有"红"字，但颜色并不是纯红色，大部分是紫红色，也有个别是褐色、绿色、粉红色和黑色等。这是因为除了叶绿素和胡萝卜素，红藻体内还含有藻胆素（藻红素和藻蓝素）。红藻体内一般会合成一种特殊的不溶性多糖——红藻淀粉，这也是红藻的营养来源。有些红藻的体内还含有硝酸盐，而且越老的部位，硝酸盐含量越高。

红藻以有性生殖为主要繁殖方式。雌性红藻会产生孢子和卵，雄性红藻会产生精细胞，但精细胞没有鞭毛，不会动。红藻的有性生殖过程十分复杂：雌性生殖器称作果胞，其前端有着一条很长的受精丝，便于精细胞与卵结合。由于红藻对环境的适应能力很强，所以在很多地方都有它们的分布，甚至在营养物质匮乏、光照强度极弱以及温度极低的极端环境都可以生存。在地域分布上，它们一般生活在溪流、江河、湖泊、海洋中，有时也生活在潮湿的地方。无论是炎热的赤道，还是寒冷的两极，无论是冰雪覆盖的高山，还是流水潺潺的温泉，无论是潮湿的地层表面，还是较深的土壤，几乎都有红藻分布。

◎ 甲藻门、紫菜、轮藻门

紫菜属于红藻的一种，生活在海里。它的色素成分主要有叶绿素、胡萝卜素和叶黄素，其余还有藻红蛋白、藻蓝蛋白等。这些色素的比例决定了紫菜的颜色，比例不同，颜色也不同。

甲藻门

甲藻门属于单细胞植物。其细胞壁含有很多纤维素，外观就像是战士穿的铠甲，因此得名"甲藻"。但有些甲藻类植物没有细胞壁，被称为"裸甲藻"；还有一部分甲藻内具有甲藻液泡和刺丝泡。

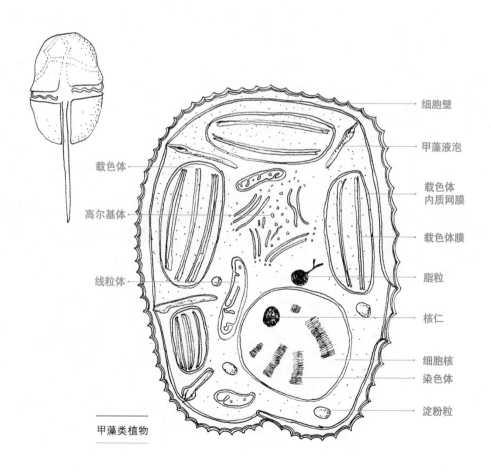

载色体

高尔基体

线粒体

细胞壁

甲藻液泡

载色体
内质网膜

载色体膜

脂粒

核仁

细胞核
染色体

淀粉粒

甲藻类植物

甲藻门中的物种有着各种颜色，它们除了都含有叶绿素和胡萝卜素之外，有些还含有硅甲黄素、甲藻黄素、新甲藻黄素等叶黄素类，所以这些种类的颜色是棕黄色或者黄绿色，另外还有粉红色和蓝色的种类。甲藻内含有很多淀粉、脂肪等营养物质。许多甲藻都长着一长一短两条鞭毛。一般情况下，这两条鞭毛是由小甲板排列而成。甲藻门中的植物有些是腐生的，有些是寄生的，繁殖的时候，大多数种类都是细胞直接分裂成两个，或者母体内形成游离的孢子；只有极个别种类采取有性生殖。

紫菜

紫菜是我们日常生活中常见的一种藻类，通常作为一种食材供人类食用，而且还有其他很多功用。紫菜的味道广为人类接受，其中还含有29%～35%的蛋白质，以及碘、多种维生素和无机盐等，可以预防缺碘引起的甲状腺肿大，还可以降低胆固醇。与其他海藻相比，紫菜的种类并不多，目前只发现70多种，但其分布范围很广，地球的许多地方都可以找到紫菜，其中大部分紫菜都分布在中纬度的温带地区。由于人类对紫菜的需求不断增加，而天然生长的紫菜数量越来越不能满足人类的需求，因此人类开始养殖紫菜，供自己食用。

紫菜的形态极其简单，分为圆盘状的固着器、叶柄和叶片三部分。固着器是用来将植物体固定在基质上的一种圆盘状物质，叶柄将

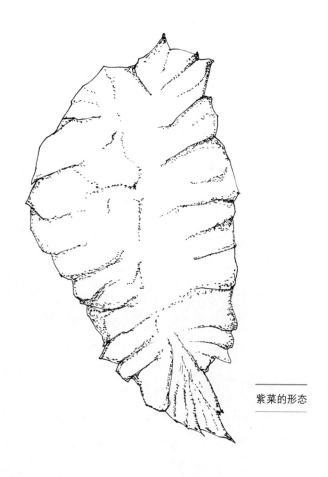

紫菜的形态

紫菜叶片和固着器连在一起，叶片呈薄膜状，由几层细胞构成。不同种类的紫菜，植株长度也不同，由几厘米到几米不等。另外，各种紫菜的颜色也有区别，其中大部分为紫色，这也是最受人类喜爱的品种。同时，紫菜还有紫红色、蓝绿色、棕红色、棕绿色等颜色。紫菜中的色素包含叶绿素、胡萝卜素和叶黄素等，还包含藻红蛋白和藻蓝蛋白等特殊色素。这些色素在混合以后，不同的比例使紫菜呈现不同的颜色。

轮藻门

轮藻门植物只有300多种，它们和其他藻类不同，大部分都生活在淡水里，如稻田、沼泽、池塘和湖泊等。轮藻更喜欢生活在透明度高、含钙量高的硬水水质中，只有少数种类生长在半咸水中。轮藻与绿藻非常相似，它们的细胞结构和光合作用中储存的营养都相差不多，但轮藻更大，藻体也呈现直立状态。与高等植物类似的是，轮藻在生长过程中，茎部也会逐渐分化出节和节间，节上还会长出小枝和

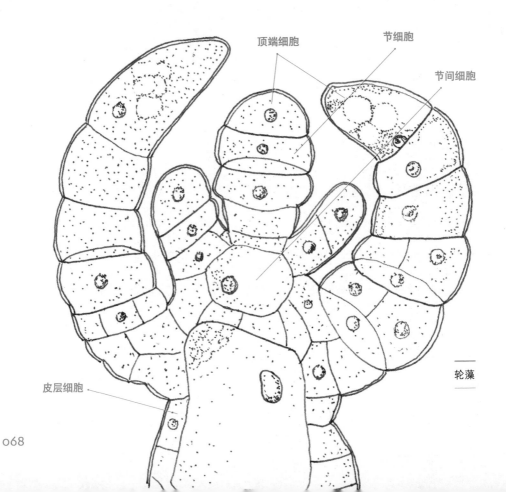

顶端细胞　节细胞　节间细胞

皮层细胞

轮藻

侧枝。

　　轮藻具有有性生殖和营养生殖两种生殖方式。它的生殖器官比起其他藻类来说更加发达，小枝上长着雌雄两种生殖器，分别叫作卵囊和精子囊。轮藻植物进行有性生殖时，精子和卵子会结合成合子，合子进一步发育形成新的个体。当轮藻门植物被折断时，它们断裂的部位会长出假根和芽，发育成新的植物体。这就是轮藻大多数情况下会进行的营养繁殖。

◎ 绿藻门

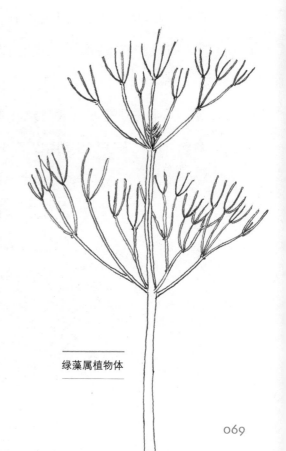

　　绿藻门植物内含有各种形状的叶绿体，如杯状、环带状、螺旋状、星状和网状等。这些叶绿体都具有光合色素，成分和功能与高等植物的相似，一些植物学家由此推测高等植物是由绿藻门的物种逐渐演化而来的。

　　绿藻门是藻类植物中的一个大类，其中包含的数量与种类都很多，光已知的种类就有一万多种。绿藻

绿藻属植物体

门植物大多数都是草绿色的，分为单细胞、群体和多细胞这三种组织构造，外形呈丝状、片状和管状。绿藻的细胞壁中富含纤维素，一般分为两层，内壁以纤维素为主，外壁以黏液状的果胶质为主。其细胞核内包含核膜和核仁，是真正意义上的细胞核。不同种类的绿藻门植物，其色素体的形状和数目也不同，但成分都与高等植物的色素成分类似。

绿藻门植物的叶绿体形状复杂多样，有杯状、环带状、螺旋状、星状和网状等，而且其中含有的光合色素与高等植物的十分相似。不同的是，绿藻光合作用的产物主要是储存在蛋白核周围的淀粉。基于此点，部分植物学家认为高等植物是由绿藻门植物逐渐演化而来。

绿藻门植物的繁殖方式有细胞分裂、孢子（种类各异，有些能游动，有些则不能）生殖和有性生殖三种。采取不同繁殖方式的绿藻，其形态也有着较大差异，进化程度也有所不同：有的是单细胞植物，有的是多细胞植物；有的结构简单，有的结构复杂……可以说，绿藻门形态各异的种类代表了藻类进化的各个阶段。

绿藻门下属的科中包含刚毛藻科、团藻科和鞘毛藻科等。无论在海里还是淡水中，都有刚毛藻科生活。该种类细胞壁较厚，坚韧性强，有人利用这个特点制造纸张。除此之外，刚毛藻细胞内部含有大量纤维素，可以用来制成各种纤维素食品。刚毛藻多为

带有分支的丝状体，幼年时不会动，用固着器（假根）固定在某处生活，成熟后会脱离固定的地方，变成可以漂浮的个体。

团藻的分类比较模糊，有人把它归为动物，属于原生动物门，也有人把它归为植物，属于绿藻门、团藻目、团藻属。形成团藻个体的细胞数量很多，有些高达上万个。与动物界的低等物种相似，它们多

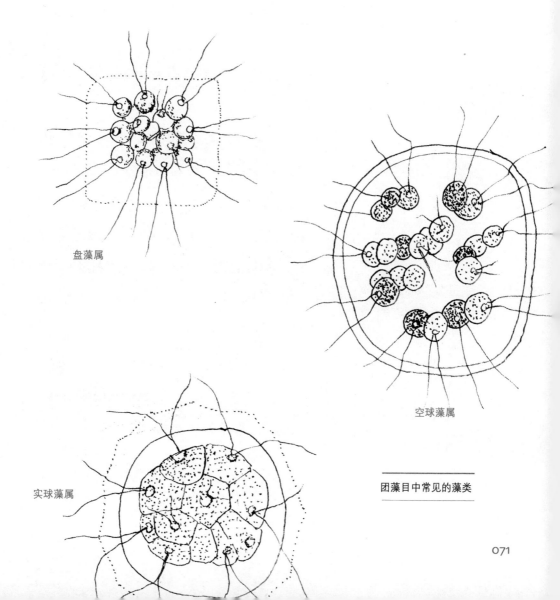

盘藻属

空球藻属

实球藻属

团藻目中常见的藻类

数生长在有机物含量多的淡水中，细胞具有功能的分化。大部分团藻细胞都不具备生殖功能，仅有少数细胞专营生殖。一个团藻个体中，除了第一代的细胞以外，还有第二代、第三代，甚至第五代、第六代，这些细胞会共同生活。另外，团藻属于集群植物，1000～50000个团藻一个挨着一个，构成一个大团。团藻一般呈球形，直径约为5毫米，外面由一层较薄的胶质层包裹。团藻可用来净化水质，因为它能吸收放射性物质。

鞘毛藻科都生活在淡水中，所以属于淡水藻类。鞘毛藻的外形多呈丝状体，由一排细胞排列而成，有些种类会一分为二，形成分支，其中一条分支呈匍匐状态，另一条呈直立状态，但也有些种类的两条分支都是匍匐状态。这些丝状体之间有些呈分散状态，有些集中于某一侧排列，使集中的一侧细胞壁较薄，出现弧度，形成圆盘状或者假薄壁组织状。无论是哪个种类，它们都会从细胞内部长出一根细长的刚毛。刚毛基部的细胞形状类似一个鞘，叫作鞘状细胞，鞘毛藻的名字也是由此而来。鞘毛藻一般采取有性生殖，具体生殖方式为卵式生殖。

名词解释
mingcijieshi

卵式生殖：植物在有性生殖的时候会形成生殖细胞，即配子。两个配子彼此结合，会形成合子，由此发育成新个体。形状、结构、大小和运动能力等方面都相同的两个配子结合，称为同配生殖，形状、大小、结构和运动能力都不同的两个配子，其中大而无鞭毛不能运动的为卵，小而有鞭毛能运动的为精子，此种精卵结合叫作卵式生殖。

◎ 褐藻门

褐藻门植物富含海带多糖（褐藻淀粉）和甘露醇等营养物质。除此之外，其还含有褐藻胶，可以用来纺织，造纸，制作橡胶、医药、食品等。

褐藻门植物在藻类植物中属于进化程度较高的，因为其具有叶绿素、胡萝卜素、墨角藻黄素和叶黄素等色素。藻体颜色随所含各种色素的比例变化而相应地变化，一般呈现黄褐色或者深褐色。褐藻门植

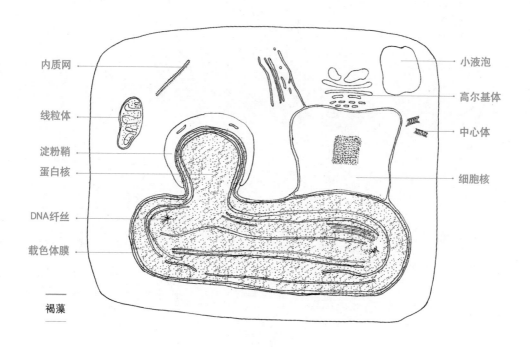

内质网

线粒体

淀粉鞘

蛋白核

DNA纤丝

载色体膜

小液泡

高尔基体

中心体

细胞核

褐藻

物富含海带多糖（褐藻淀粉）和甘露醇这两种营养物质，它们也是工业原料的很好来源。

　　褐藻植物体具有丝状、叶状、树枝状等多种形态，且大小也不同，由几百微米到几十米不等。它们虽然大小不同，但都由多个细胞组成，而不是单细胞或群体生物。褐藻门植物主要进行营养生殖、无性生殖和有性生殖这三种生殖方式。褐藻门的代表植物是裙带菜和海带。

　　我们平时见到的裙带菜属于一种生活在温带的海藻，耐高温，属于经济海藻。它的外形很像一条女子的裙带，所以叫作裙带菜。裙带菜有着黄褐色的孢子，孢子体分为三部分，即固着器、叶柄、叶片。

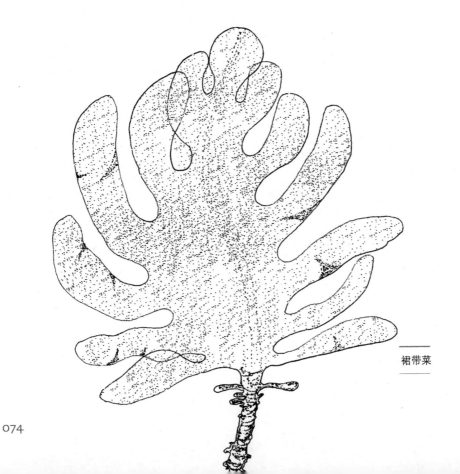

裙带菜

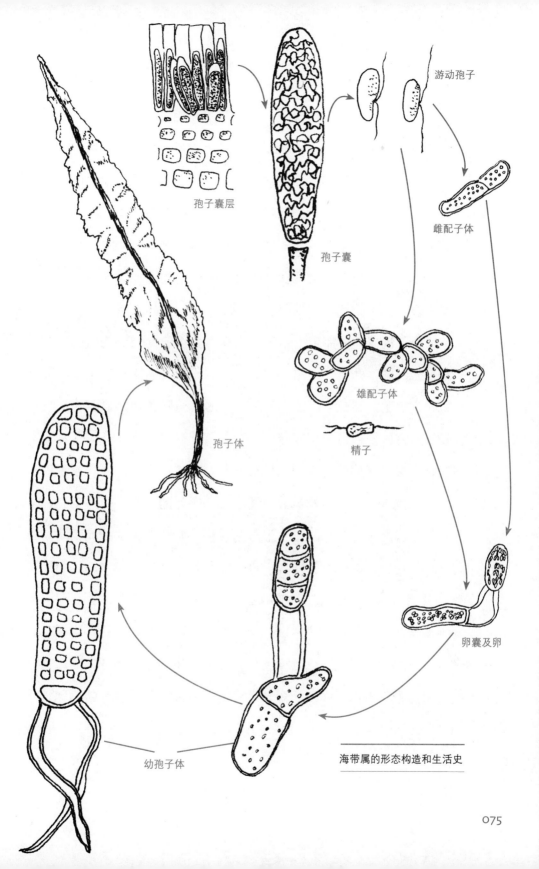

孢子囊层

孢子囊

游动孢子

雌配子体

雄配子体

精子

孢子体

卵囊及卵

幼孢子体

海带属的形态构造和生活史

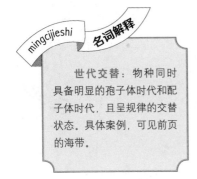
无论是外表还是生活史，裙带菜与海带都十分相似。它们都有着世代交替的生活史，但孢子体的生长时间比海带的短。裙带菜营养丰富，富含人体必需矿物质、蛋白质、脂肪、糖类和多种维生素，其中蛋白质的含量是海带的好几倍。除此之外，裙带菜中还富含褐藻酸，可用来大量提取，用于工业。

　　隶属于褐藻门的海带，是体积大、营养价值高的一类，也是人类日常生活中离不开的一种藻类。海带表面光滑，高度一般为2～3米，有时人工养殖的海带可以长到5～8米。大部分海带都是褐色的，像一条长长的带子，植株分为固着器、柄部、叶片这三个部分。固着器下面生有假根，柄部为粗短的圆柱形，上宽下窄，上半部分长着带状的叶片，也就是可以食用的部分。两条相互平行的线位于叶片中央，将约几毫米厚的中间部分隔出，形成中带部。叶片其余部分比较薄，长有褶皱。海带具有很高的营养价值和食用价值，其中包含的碘和褐藻酸可以制作医药、食品、化工产品等。除此之外，海带还含有很多碘元素。碘在人体中的含量很少，但它却是人体不可缺少的元素之一，发挥着重要的作用。缺乏碘元素，人体就会出现甲状腺肿大的症状，而食用海带就可以预防碘元素缺乏。另外，海带还具有预防动脉硬化和降低人体中胆固醇、脂肪含量的作用。

第六章

苔藓植物

苔藓植物主要生活在陆地，是自养植物的一种。苔藓植物可能由绿藻进化而来，个体较小，由多细胞组成，喜欢潮湿的环境。苔藓植物的构成并不复杂，先由孢子发育成原丝体，再由原丝体逐渐发育成配子体，也就是成熟的植株。

◎ 苔藓植物的结构和生殖

苔藓植物在自然界中属于矮小的类型，显得毫不起眼，但却有着重要的作用。苔藓植物的吸水性十分强，可以预防水土流失，还能净化空气。

苔藓植物的个体都很小，没有真正的根，只有假根。其叶片由单层细胞组成。苔藓植物生长所需的水和养分一部分是通过光合作用获得的。全球有23000多种苔藓植物。

苔藓植物根据营养体的形态结构可以分成苔类和藓类两类。苔类植物的外形就像一片一片叶子叠在一起，而藓类植物则分化出茎和叶。有些科学家也将苔藓植物划分为苔纲、角苔纲、藓纲三纲。苔藓植物广泛分布于地球上，不仅热带和温带地区常见，而且南极洲和格陵兰岛等极寒地区也有其身影。苔比藓分化的程度低，也就是说苔的结构更加简单和原始。成片分布的苔藓植物叫作苔原，是欧亚大陆北部和北美洲等地的常见现象，某些高山地区也会出现苔原。

　　颈卵器是苔藓植物的雌性生殖器官，因外观很像做实验用的烧瓶而得名。颈卵器颈部狭长，腹部宽大；颈部外面长着一层细胞，腹部外面长着多层细胞。精子器是苔藓植物的雄性生殖器官，外观为球形或者棍形，外面长着一层细胞。苔藓植物的生殖过程必须在水中进行。生殖发生时，精子器将精子释放到水中，精子游到颈卵器里，与其中的卵细胞相结合，形成受精卵，这就是苔藓植物的有性生殖过程。除此之外，苔藓植物还具有无性生殖和营养生殖这两种繁殖方式。其中，无性生殖过程中只产生孢子，孢子发育成丝状体，即原丝体，之后原丝体成熟，并生成配子体；营养生殖是配子体断裂后，断裂的部分长成独立的个体，即植物体会生出一种叫作孢芽的组织，孢芽成熟后就会脱离个体，发育成成体。

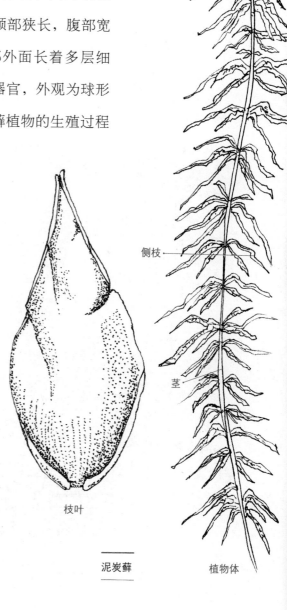

枝叶

泥炭藓

孢子体

顶枝

侧枝

茎

植物体

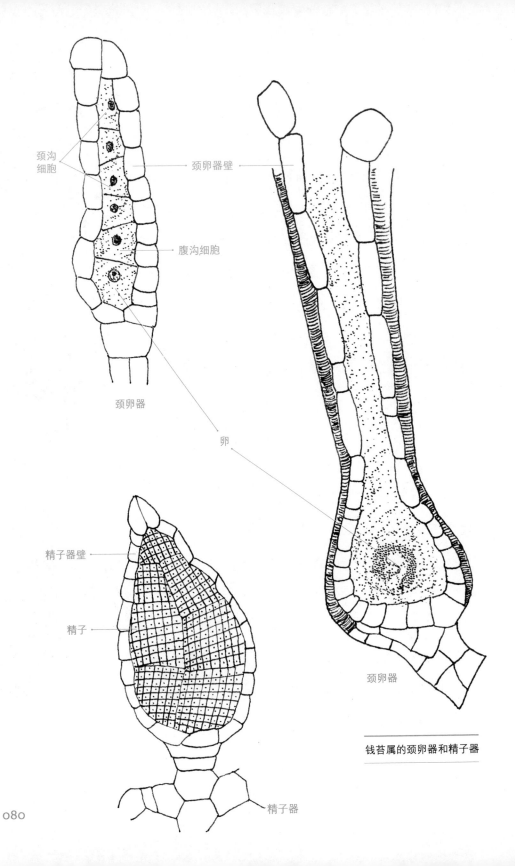

颈沟
细胞

颈卵器壁

腹沟细胞

颈卵器

卵

精子器壁

精子

钱苔属的颈卵器和精子器

精子器

湖泊周边生出泥炭藓和其他沼泽植物，并逐渐向湖中发展

苔藓层逐年扩展，泥炭层沉积越来越厚

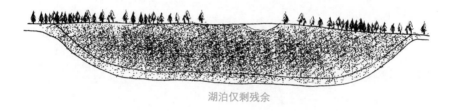

湖泊仅剩残余

泥炭藓和苔藓泥炭的形成对湖泊演变的影响

苔藓植物因为不起眼而容易被人类忽视，但它们在自然界中发挥着不可替代的作用。第一，苔藓植物的吸水性很强，可以固定水土，防止流失；第二，苔藓植物的叶片只有一层细胞，对于空气中的污染物有着很好的吸附作用，并且可以敏锐探测到空气中的污染，因此苔藓植物可以用来净化空气；第三，晒干后的苔藓植物可以用来制作肥料或燃料，例如，泥炭藓制成的肥料的营养成分就很充足，而作为燃料，其可以用于发电；第四，苔藓植物可以增加沙土地的储水性。

作为低等植物的一种，苔藓植物还是鸟类和哺乳动物的食物来源。另外，在地球最初形成土壤时，苔藓植物也发挥着重要的作用。它可以吸附空气中的水分和浮尘，分泌出的酸性物质可以腐蚀岩石，加快其分解速度，逐渐使其软化变成土壤。部分苔藓植物如某些泥炭藓等，可以制成草药，具有清热消肿的作用，多用于治疗皮肤病。

◎ 地钱，葫芦藓，金鱼藻

最常见的苔藓植物是地钱、葫芦藓和金鱼藻。

地钱

地钱属于苔藓植物中的苔类植物，分布范围广泛，世界上任何一个地区都有其生存。地钱的植株多是小而扁平的，约1厘米宽，10厘米长。植株多是浅绿或深绿色的，叶片边缘像波浪一样。地钱喜欢阴凉、潮湿的环境，一般生长在潮湿的草丛或者小溪边的碎石中，有时也生长在水田或房屋附近。

营养生殖是地钱的主要生殖方式。植物体成熟后叶状体表面会长出类似于酒杯的结构——胞芽杯。胞芽杯就像一个杯子，由一个圆形

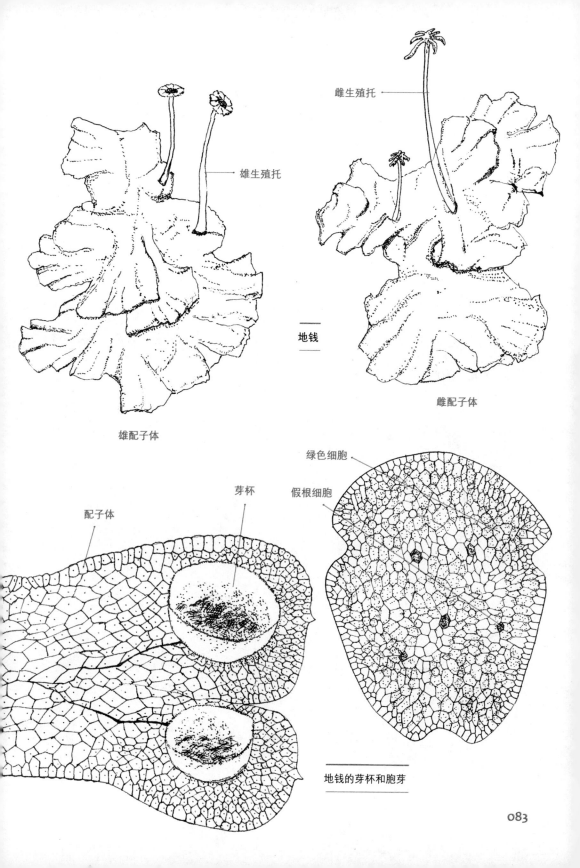

雄生殖托

雌生殖托

地钱

雄配子体

雌配子体

配子体

芽杯

绿色细胞

假根细胞

地钱的芽杯和胞芽

083

的薄片组成。当胞芽杯中的水分充足时，长在里面的胞芽就会落到地上。这时，如果生长环境较好，胞芽就会发育成新的地钱。

葫芦藓

葫芦藓是一种较为常见的矮小藓类植物，植株高度为2～3厘米。葫芦藓也喜欢生长在潮湿、阴暗的地方，常见于庭院、田园路边以及山地燃烧后的富含有机质的灰烬土壤中。葫芦藓多为鲜绿色，喜欢阴暗的地方，或稀疏或稠密地生长在一起。

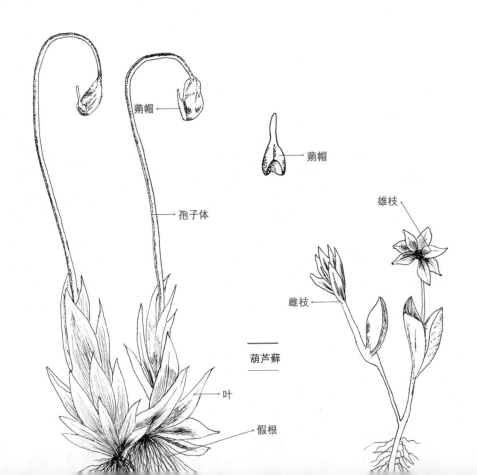

蒴帽

蒴帽

孢子体

雄枝

雌枝

葫芦藓

叶

假根

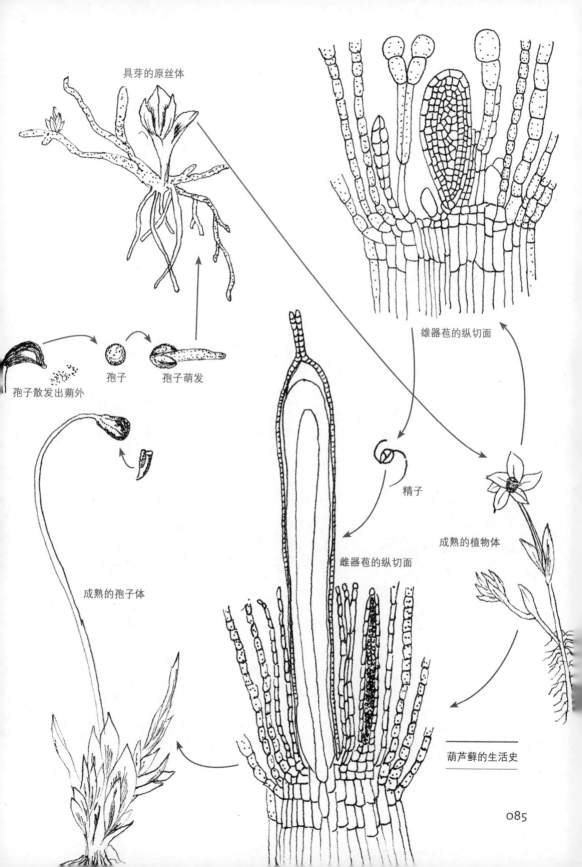

具芽的原丝体

孢子

孢子萌发

孢子散发出蒴外

雄器苞的纵切面

精子

成熟的植物体

成熟的孢子体

雌器苞的纵切面

葫芦藓的生活史

085

葫芦藓的茎比较短，上部稀疏地长有叶片，呈莲座状。叶片有一条明显的中肋，除中肋外的其他部分均是由单层细胞组成。葫芦藓为雌雄同株不同枝，雄性生殖器官长在顶端，和花蕾很像；雌性生殖器官位于雄性生殖器官的下方。在雄枝萎缩的同时，雌枝会逐渐生长，最后变成孢子体。葫芦藓的孢子体为红褐色，有4～5厘米长。孢子体顶端会向下弯曲，长有蒴帽，成熟后会产生孢子。

金鱼藻

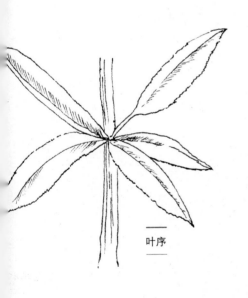

叶序

金鱼藻[①]又名细草、鱼草等，种类不算多，仅有上百种。其植株一般为深绿色，茎很细，有20～40厘米长，上面长有短枝。叶片长在短枝上，为轮生。叶子没有叶柄，约1厘米长，一般会在顶端分成两个分支，有时会在两个分支上又分出两个分支来。分支前端为两个短尖刺，边缘长满刺状小齿。金鱼藻开花，但花瓣很小，且为单性。一般一个植株上开1～3朵花，花梗很短，长在节部

---

① 值得注意的是，金鱼藻虽然名字有"藻"字，也长在水里，但它却是不折不扣的被子植物。被子植物是地球上最高级的种类，有着比其他植物更先进的特性。被子植物的具体特征，请见下文。

叶腋。

金鱼藻一般生长在淡
水池塘、水沟、小河、温
泉、水库等地，常被人们
用来制作家禽饲料。金鱼
藻广泛分布在欧洲、北
非、北美等地。

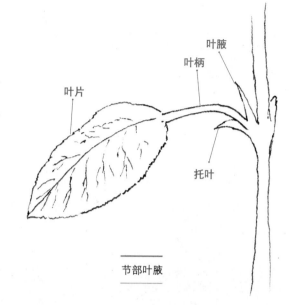

叶腋

叶柄

叶片

托叶

节部叶腋

◎ 真菌类

生活中常见的真菌类植物主要有香菇、草菇、金针菇、双孢蘑
菇、平菇、木耳、银耳、竹荪、羊肚菌等。它们多用于食用或制作
药品。

真菌如蘑菇、酵母菌等均属于陆生真核生物，通常为多细胞生
物，体内含有较细的菌丝，可以吸取其他生物制造的化合物，以此补
给自身生长所需的养分。许多真菌可以分解自然界中动植物的残骸，
分解后的碳、氮、氧等元素再次进入地球的物质循环系统。综前所
述，真菌属于异养生物，具有真正的细胞核和细胞壁。真菌有很多
种，其中大部分的营养体都由纤细管状菌丝形成，即菌丝体。真菌的

细胞壁中含有一种叫作甲壳质的物质，这也是真菌的一个特征。同时，细胞壁也含有纤维素。真菌的细胞器一般包括细胞核、线粒体、微体、核糖体、液泡、溶酶体、内质网、微管、鞭毛等。

真菌主要包含酵母菌、霉菌和大型真菌三大类。其中，大型真菌有着肉质或者胶质的子实体或者菌核，常见种类有香菇、草菇等。这也是真菌中可以用于制造食品和药品的主要类型。

大部分真菌都是腐生生活，也就是靠分解已经死亡的动植物残骸获取有机物；还有些真菌，如念珠菌等，是寄生生活，也就是靠吸取活着的生物体内的有机物为生；另外，少数真菌，如地衣，是与其他生物共生生活，也就是两个物种间彼此为对方提供部分有机物，一方死去，另一方也很难存活。

生长到一定程度后，真菌就会进入繁殖阶段，形成繁殖体（子实体）。真菌的繁殖体分为无性繁殖期间形成的无性孢子和有性繁殖期间形成的有性孢子两种。

无性繁殖指营养体没有核配和减数分裂阶段，而直接产生后代的繁殖方式。其主要特征是，菌丝形成无性孢子。有性生殖指真菌发育成熟（即发育后期）进行的繁殖，具有核配过程和减数分裂阶段，能够形成有性孢子。具体来说，有性生殖过程中会产生两个性细胞，它们结合后，细胞核内的染色体也结合，再经过减数分裂，形成有性孢子。另外，在此过程中，大部分真菌的菌丝会分化形成性器官（即配子囊），雌、雄配子囊会产生配子，配子结合形成合子，合子通过减数分裂形成有性孢子。整个过程中，最重要的三个阶段是质配（即两个配子的细胞质融合）、核配和减数分裂。真菌在有性生殖的过程中可以形成4种有性孢子：卵孢子、接合孢子、子囊孢子和担孢子。此外，根肿菌、壶菌等部分低等真菌也可产生有性孢子，过程中游动配子会结合形成合子，合子再逐渐发育成具有厚细胞壁的休眠孢子。

第七章

蕨类植物

蕨类植物已进化出根、茎、叶等营养器官，体内还具备维管组织。其属于陆生植物的一种，孢子体比配子体发达。这些器官的分化对于蕨类植物的生长来说具有重要的意义，使它们有更强的适应环境的能力，但蕨类植物并没有完全脱离水环境。

◎ 蕨类植物的特征和结构

蕨类植物已经进化出根、茎、叶，可以说，其在植物的进化史中有着不可替代的地位。

蕨类植物又称羊齿植物，比藻类植物进化得更高级。其具有根、茎、叶等营养器官，孢子体比配子体发达。更为重要的是，蕨类植物具有维管组织。

维管组织的构成

组成	木质部	韧皮部
成分	管胞或导管分子	筛胞或筛管
作用	运输水分	运输无机盐和养料

人们习惯将蕨类植物当作单独的一个门类进行划分，其下包含松叶蕨纲、石松纲、水韭纲、木贼纲（楔叶纲）和真蕨纲五个纲。这么分类是因为蕨类植物进化出了根、茎、叶等器官，在植物的进化史上有着特殊的意义。

根的作用是固定植物体，使其更加稳固，以及吸收土壤深处的水分和矿物质。茎的作用是使植物体保持直立状态，以及利用其内部的输导系统——维管组织，将营养物质输送到植物体的各个部分，促进植物的生长。叶的作用是进行光合作用。与藻类植物的叶不同的是，蕨类植物的叶要更大，能够更有效地吸收太阳光中的能量，为生长提供更多的养料。值得一提的是，蕨类植物仍要在水中进行受精作用，因此仍然不能说蕨类植物是完全的陆生植物。另外，蕨类植物与苔藓

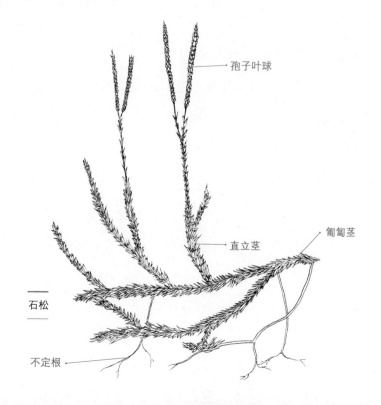

孢子叶球

直立茎

匍匐茎

石松

不定根

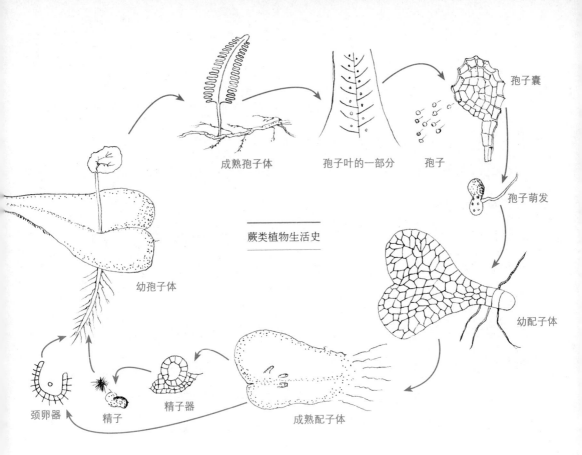

成熟孢子体　　　孢子叶的一部分　　孢子　　　　　孢子囊

蕨类植物生活史

幼孢子体　　　　　　　　　　　　　　　　　　　孢子萌发

颈卵器　　精子　　　精子器　　　　　成熟配子体　　　幼配子体

植物一样，也存在世代交替现象。

　　蕨类植物主要包含无性生殖和有性生殖两种生殖方式。无性生殖过程中直接产生孢子；有性生殖过程中会先产生精子器和颈卵器，再分别产生精子和卵。与苔藓植物不同的是，蕨类植物分化出根、茎、叶等营养器官，并且内部出现了维管组织，配子体更加高级、发达。不过，蕨类植物仍旧无法形成种子，而是比较高等的孢子。与种子植物不同的是，蕨类植物的孢子体和配子体都可以独立生存。

　　地球上的蕨类植物据估计约有1.2万种，其中多数是草本植物。蕨类植物与多数植物相似，喜欢生长在潮湿、温暖的环境中。大部分蕨类植物是土生植物，但也存在石生或者附生的情况，还有一少部分在水里或水岸边生活。蕨类植物在平原、森林、草地、岩缝、溪沟、沼泽、高山、水域等地都有分布，可以说分布极为广泛，但一般集中分布于热带和亚热带地区。

蕨类植物的叶虽然复杂，但从大小上可以分为两种：小型叶和大型叶。某些叶片比较小，没有叶隙，叶柄也很短，只有一个叶脉或没有的，就属于小型叶蕨类植物，其代表为石松纲。叶片较大、有叶

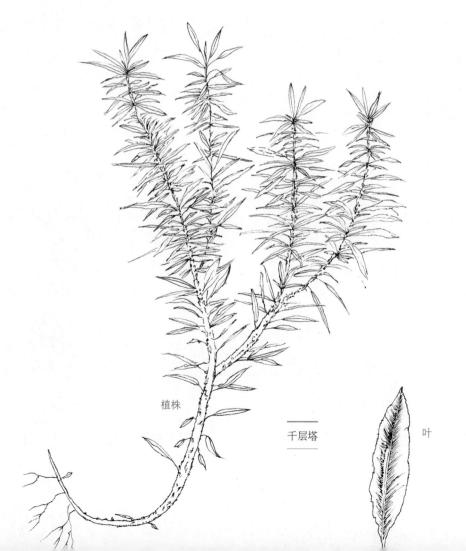

植株

千层塔

叶

隙，叶柄明显，且维管束具有分支或不具有的，就属于大型叶蕨类植物。除石松和卷柏之外，多数蕨类植物都为大型叶。某些蕨类植物比较特殊，它们的植株上有些叶片可以生成隐孢子囊群，这种叶就叫作孢子叶或者可育叶；有些叶片无法生成孢子囊群，这种叶就叫作营养叶或者不育叶。

　　蕨类植物的根一般为须状根，也就是不定根；茎多为匍匐生长的根状茎，少部分蕨类植物，如桫椤等，部分根状茎会发育成地上茎，并逐渐长成乔木状。大部分蕨类植物的茎上都有鳞片或短小的毛。其中，膜质状鳞片上面长满了粗细不同的筛孔；毛有很多种类，如单细

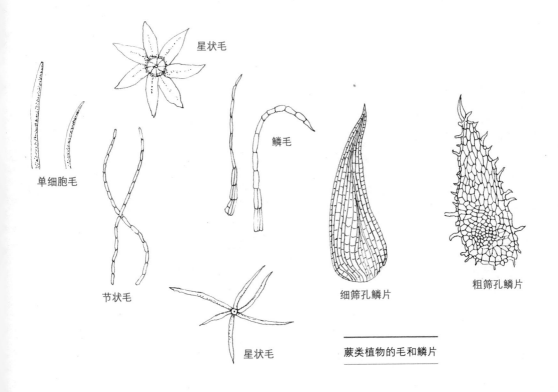

星状毛

鳞毛

单细胞毛

节状毛

星状毛

细筛孔鳞片

粗筛孔鳞片

蕨类植物的毛和鳞片

胞毛、腺毛、节状毛、星状毛等。

　　蕨类植物叶的形态极为好看，因此常被当作观赏植物养殖，如巢蕨、卷柏、桫椤、槲蕨等。除此之外，某些蕨类植物对医药方面也有贡献，如杉蔓石松能够预防风湿，节节草能够缓解化脓性骨髓炎症，乌蕨能够治疗菌痢和急性肠炎等。蕨类植物对生长环境极为敏感，而且不同的蕨类植物所适应的环境也不同，地质学家利用蕨类植物的这个特点，作为寻找矿物的标志。举例来说，石蕨、肿足蕨、粉背蕨、石韦、瓦韦等蕨类植物，一般生长在石灰岩或者含钙比较多的土壤中；鳞毛蕨、复叶耳蕨、线蕨等蕨类植物，一般生长在酸性土壤中；有些蕨类植物则生长在中性或者碱性土壤中。

◎ 桫椤和铁线蕨

　　蕨类植物中的桫椤是极为珍贵的一种，其对于研究古植物学和植物系统学具有重要意义。

桫椤

蕨类植物多数都是草本植物，只有少数种类的外观类似于乔木。

桫椤

这些外形像树的种类叫作树蕨，桫椤便是其中的一种。桫椤一般分布在热带地区和亚热带地区湿度较大、温度较高的树林或者阴凉地上。在1.8亿年前恐龙称霸的中生代，到处都有树蕨的身影。那个时代，树蕨遍布全球，几乎各个区域都可以发现它们的踪迹。

自种子植物出现后，树蕨的种类与数量都在逐渐减少，目前仅剩下极少的种类，而桫椤便是其中最珍贵的种类之一。它的存在对于现阶段生态等方面具有巨大意义，尤其在研究古植物学、植物系统学等方面尤为重要。桫椤属于树蕨的一种，高度1米到6米不等，茎的直径约有十几厘米，茎干残留的叶柄上长着暗褐色的鳞片和毛。桫椤的茎

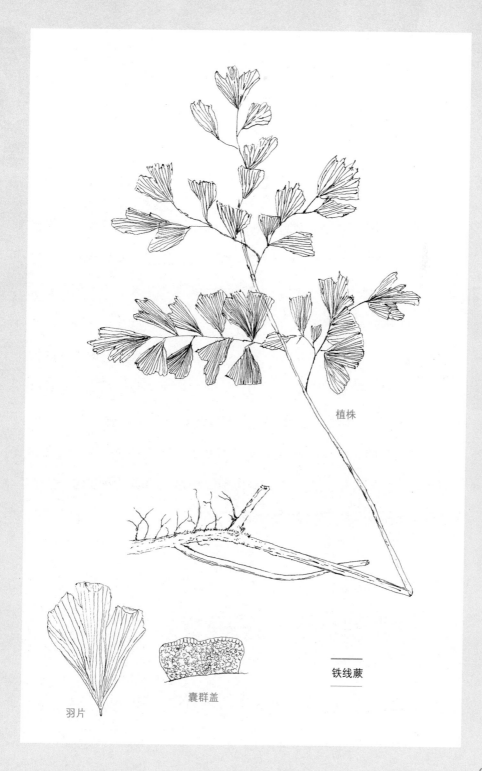

植株

铁线蕨

羽片

囊群盖

非常直，没有分支，茎的顶端生长着巨大的三回羽状复叶，每片叶子长约两三米，远处望去就像是一把巨大的绿伞。

铁线蕨

铁线蕨为多年生草本植物，植株比较矮小，高20~45厘米，喜欢温暖、湿润和半阴暗的环境，主要分布在温带、亚热带以及热带的某些地区。铁线蕨长有黄褐色的根状茎，其贴着地面水平生长，上面覆盖着条形或者披针形的淡褐色鳞片。茎的上面生长着很薄的叶片，由很细的紫黑色叶柄连接。叶柄有一定的金属光泽，因为外观看起来很像铁线而得名。叶子一般长在茎的中下部，为二回羽状复叶，羽片互生，每片叶子都呈斜扇形，整体呈现阔楔形，叶的边缘由浅裂至深裂。

铁线蕨俗称铁丝草、铁线草、水猪毛土。铁线蕨植株不大，适合家养栽培，深受人们追捧，成为蕨类植物中最为常见的种类之一，许多公园和植物园中都可以发现铁线蕨。

◎ 鳞木和鹿角蕨

鳞木属于木本植物，植株高大，主干粗壮，树皮很厚，是形成煤炭资源的植物之一。鹿角蕨属于观赏植物，也具有药用价值。

鳞木

鳞木是已灭绝的鳞木目中最为典型的一种蕨类植物。它最早出现于石炭纪时期，属于大型蕨类植物，在二叠纪时期逐渐消失。死亡的鳞木被深深地埋于地下，经过数亿年的时间，逐渐变成了煤炭资源。

人们通过化石了解了鳞木这一物种。化石的情况说明，鳞木是一种乔木，十分高大，主干粗壮，树皮很厚。植株高可达30～50米，直

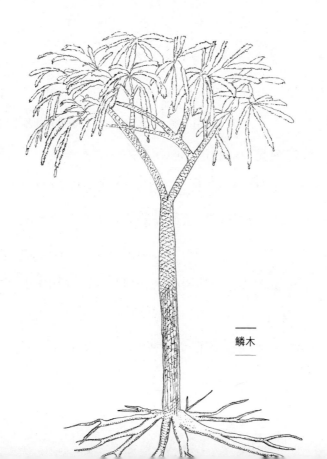

鳞木

径可达2米。树冠为二叉分支状，叶为针形叶，呈螺旋状排列。树叶从枝上掉落以后，枝上会留有菱形或者纺锤形的叶基，看上去就像鳞片，鳞木由此得名。鳞木内部具有发达的维管层和木栓层，树干基部的器官叫作根座，与根相似。根座前端呈二叉分支状，上面生长着许多细根。

鳞木的孢子叶聚集形成位于小枝顶端的孢子叶球，每个孢子叶球上都长着一个孢子囊。孢子囊有大有小，小孢子囊中长有许多小孢子，而大孢子囊中长有4个、8个或者16个大孢子。

鹿角蕨

鹿角蕨属于附生型多年生蕨类草本植物，一共有15种，主要分布在热带雨林地区，喜欢阴暗潮湿的地方，具有很强的耐阴性。鹿角蕨通常攀附生长在高大树木茎的缝隙或分支处，有时也会生长在泥炭土、腐叶土或者潮湿的岩石上。鹿角蕨的茎像根一样，为根状茎，且为肉质。其叶片横向生长下垂，分为正常叶和腐殖叶两种类型。正常叶可以进行光合作用，制造生长所需要的有机物等营养成分，幼叶为灰绿色，成熟叶为深绿色；腐殖叶无法进行光合作用，但借助某些细菌和微生物的帮助，可以将枯树枝、枯树叶、雨水和尘土等物质中的有机物分解成无机物，并吸收进植物体内，以供生长之用。

根据鹿角蕨的特性，人们将它养殖在枯木或者树干上，作为墙

鹿角蕨

壁的装饰物。除了装饰之用，鹿角蕨还可用于制药。在人工种植环境下，分株是繁殖鹿角蕨的最常用方式，最佳分株时间在每年的2～3月或者6～7月。分株时，人们先选出长势较好的鹿角蕨分支作为子株，然后用刀子沿子株底部缓慢切下，最后再将其移植到花盆中即可。

第八章

裸子植物

裸子植物顾名思义就是种子裸露在外面的植物，在进化程度上比被子植物低一级。它们的种子是由胚珠发育而来，由于胚珠没有外皮包裹而得名。

◎ 裸子植物的形态

　　从植物进化角度来说，裸子植物的出现代表着植物又向着适应陆地生活前进了一步。除此之外，裸子植物还具有很高的经济价值。

　　裸子植物有着很长的发展史，最早可追溯到古生代，到中生代和新生代时，裸子植物便已经广泛分布于全世界的各个角落。后来在地球环境发生很大的变化时，许多裸子植物由于无法适应环境而先后灭绝，到现在，全世界仅有800多种裸子植物。

　　裸子植物在植物界的地位介于蕨类植物和被子植物之间，其与蕨类植物的区别如下：

　　1.裸子植物出现新的繁殖器官——种子。种子由三部分组成，即胚、胚乳和种皮。胚是由受精卵发育而成的孢子体，胚乳由雌配子体发育而成，种皮是由珠被发育而成。种子的形成对于植物进化有着重要的意义。

　　2.裸子植物出现花粉管。当落在胚囊表面后，花粉粒便会开始慢

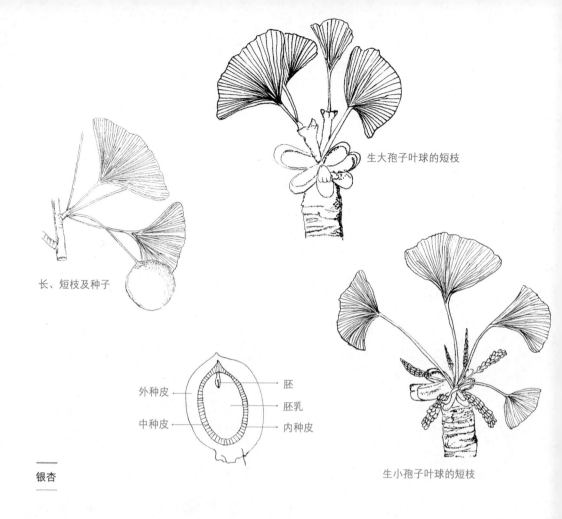

生大孢子叶球的短枝

长、短枝及种子

外种皮　　　　　　胚
　　　　　　　　　胚乳
中种皮　　　　　　内种皮

生小孢子叶球的短枝

银杏

慢形成雄配子体，并长出花粉管。花粉管穿过颈卵器进到卵细胞中，精子随之进入，并与卵细胞相结合，形成受精卵。由此可见，植物的受精作用已经完全脱离水环境了，这使植物能更好地适应陆地环境，所以裸子植物是真正意义上的陆生植物。

3.裸子植物存在次生生长。许多裸子植物都可以长成参天大树，就是因为次生结构的出现使植物更好地适应了陆地环境，从而才能生长得更为强壮、高大。

裸子植物是重要的木材来源。北半球的温带和亚热带地区的气候

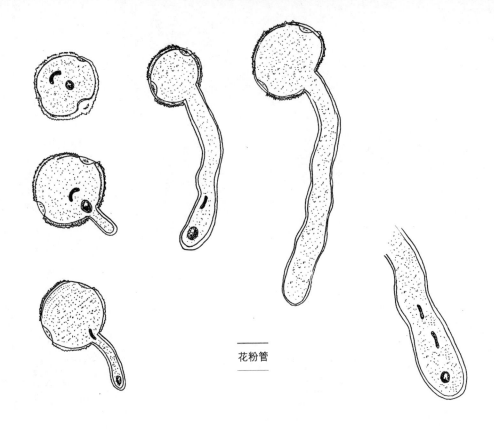

花粉管

非常适宜裸子植物生存，所以这些地区生长着许多裸子植物。

裸子植物用途广泛，具有很高的经济价值。除了用作木材以外，裸子植物还可以用来生产纤维、树脂等原料。

◎ 裸子植物的代表种类

常见的裸子植物有银杏、苏铁、巨杉、侧柏、红豆杉、油松等。它们不仅具有科研价值，而且有很高的经济价值。

银杏

据考察，早在第四纪冰川运动之前的年代就有银杏生存，而它也是唯一一个自那时幸存下来的裸子植物。

银杏属于落叶乔木，植株十分高大，树干挺拔，树叶为扇形。其有着很强的抗病虫害的能力，树龄很长，能存活千年之久。银杏对环境的要求不高，只要条件适宜，其就可以生长。另外，银杏的经济价值也很高，几乎整个植株都可以用来制药。

银杏树上结满了白果

苏铁

苏铁是典型的裸子植物。苏铁属于常绿乔木，主要分布于热带和亚热带地区，喜欢阳光充足、气候温暖、通风性好的环境，一般常见于土壤肥沃、略带酸性的沙地中。苏铁抗寒能力较差，导致其生长速度缓慢。苏铁树干挺拔，呈圆柱形，整棵树远远看去像一把大伞。"伞"的顶部是大型羽状复叶，由几十对甚至几百对线性小叶构成，幼叶稍微向内卷曲，成熟之后就会变得十分坚硬。展开的叶片总长度

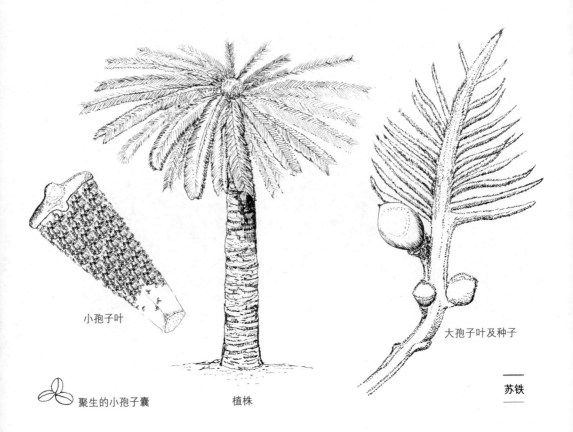

小孢子叶

聚生的小孢子囊　　　　　植株

大孢子叶及种子

苏铁

可达2～3米。叶片的颜色为深绿色，具有一定的光泽。

苏铁分雌株和雄株，雄株开黄花，花为圆柱形；雌株开褐色的花，上面还长满绒毛，花为扁球形。苏铁的种子是棕红色的，呈倒卵形，略扁。苏铁的花期一般在6～7月，之后再过三四个月，种子就会成熟。

苏铁的种类有很多，其中包含3个科、1个属、240多种。作为观赏植物的一种，苏铁植株形状优美，树干粗壮，叶片坚硬，四季常青，具有光泽，深受人们的欢迎。除此之外，苏铁种子的价值也很高，其含有大量淀粉，可以制成美味的食物。苏铁植物体的许多部位都可制成药品，治疗多种疾病。

巨杉

巨杉顾名思义就是"巨大的杉树"的意思。其原产自美洲，因自身高大挺拔的树干而举世闻名。有些巨杉能长到140多米，约为30层楼的高度，树干直径可达10米以上。巨杉喜欢阳光充足、温度适宜的环境，在这种环境里，它会用500年的时间快速生长，然后才会放缓速度。巨杉抗腐蚀能力和抗火能力都很强，因此常用来做铁路上的枕木和电线杆等物品，具有极大的经济价值。

巨杉粗壮的基部

侧柏

　　侧柏属于常绿乔木，别称柏树、扁柏、香柏，因自身树干上生长着扁平小枝而得名。侧柏有着很长的寿命，但生长速度缓慢，不耐旱和抗风，但耐寒性强。侧柏喜欢湿润的环境，但水太多也容易死亡，对贫瘠的土壤环境有较强的适应能力，可以生长在微酸性或微碱性的环境中。

　　侧柏一般可长到20～30米，树干的直径在1米左右，树皮为浅灰色且比较薄，上面布满纵向的裂痕。侧柏的木质不软不硬，疤痕少，散

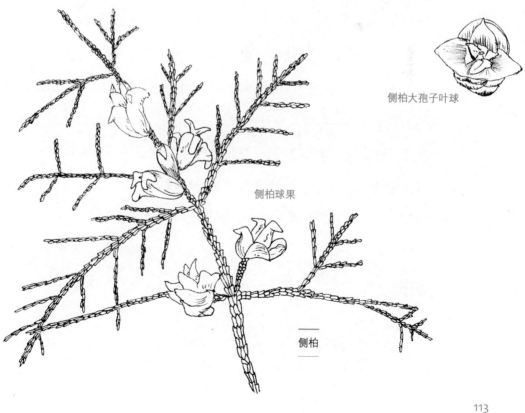

侧柏大孢子叶球

侧柏球果

侧柏

发着独特的香味，有很强的耐腐蚀能力，所以经常被用来制作家具。另外，侧柏枝条分布稀疏，枝叶整体向上伸展，叶片呈鳞形且非常小——不到3毫米，以交互方式生长在短枝上。

成长期的侧柏，树冠很尖，呈塔状，而成熟期的树冠则变得宽圆。侧柏属于雌雄同株的植物，果子呈卵形，有1~2厘米长，成长期的果肉是蓝绿色，成熟期的果肉是鲜红褐色。侧柏的药用价值也很高，种子、根、叶子、树皮都可以制成药材。除此之外，种子还可以榨油、制作肥皂等。

红豆杉

红豆杉俗称紫衫、赤柏松，属于常绿针叶植物，秋天会长出樱桃大小的红色豆形果实，因此而得名。它是第三纪孑遗植物，自然分布范围极为狭小，种类稀少，十分珍贵。

由于叶子四季常青，红豆杉有时会作为庭院观赏植物种植。比起其他裸子植物，红豆杉生长速度算是十分缓慢的，但其木质非常坚硬细腻，韧性很强，有着好看的纹理，属于上等木材。

油松

油松属于常绿乔木植物，最高可达25米，树干直径约1米。壮年期

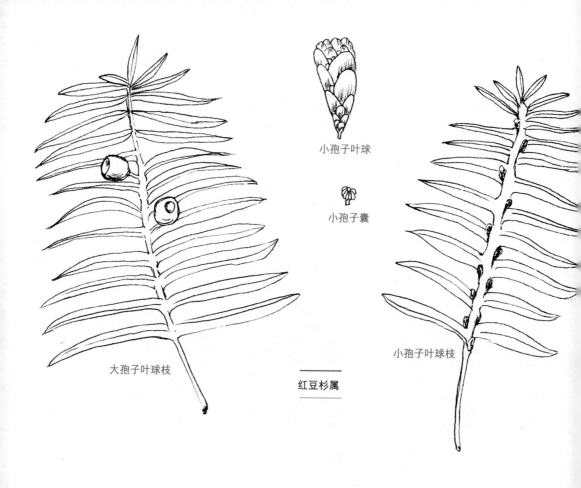

小孢子叶球

小孢子囊

大孢子叶球枝

红豆杉属

小孢子叶球枝

的油松树冠呈塔形或卵形，晚年期的树冠则呈伞形。油松的树皮为灰棕色，上面沟壑纵横，布满红褐色裂缝，整体看上去，树皮就像鳞片一样。其上枝粗壮，表皮光滑，盖着很少的白粉，大多数为褐黄色。

油松为雌雄同株，花为球状，雄花为橙黄色，雌花为绿紫色。卵形小球果的种鳞脐部凸起有尖刺。球果长4～9厘米，短柄或者没有柄，可在枝上存留数年。油松的花期

mingcijieshi 名词解释

种鳞：裸子植物松柏纲里的一种特有构造，简单来说就是松塔，里面生有种子。

在4~5月，种子在次年10月成熟。油松适宜生长在阳光充足、气候干冷的地方。

油松树心为淡红褐色，边缘为淡白色，纹理有序，结构致密，材质坚硬，还含有大量树脂，具有较强的抗腐蚀性和抗腐朽性，属于上等木材。油松分泌的松脂在工业上具有重要用途。在观赏方面，其树干挺拔，树叶常绿，还能抵抗风霜和严寒，具有一定的美化价值。

第九章

被子植物

植物进化过程的顶点便是被子植物。其之所以为植物界最高级的一类，是因为它们的器官和系统都已经进化得相当完善，在地球上具有很大的生存优势。已知的被子植物约有1万多个属，20余万种，约占植物界总数的一半。被子植物种类和数量的繁多表明它们具有极强的环境适应能力，这得益于它们进化而来的复杂又完善的内部结构。

◎ 根

植物的根主要起到以下三点作用：

1.支撑作用，并将植物体固定在地面；

2.吸收土壤中的水分和矿物质；

3.有效改善土壤结构，使之更利于植物的生长。

植物的根部通常都位于地下，起着固定地面部分的作用，并从土壤中吸收水分和矿物质，以供植物生长所需。植物发芽、长叶、开花、结果的背后，都有根在默默地付出。另外，根还可以改变土壤结构，使土壤更加适合植物的生长。

根的固定和支撑作用对被子植物来说十分重要，因为大多数的被子植物都比较高大，需要牢靠的地下根部组织抓住地面，才能保持站立的姿态，并抵抗自然界中狂风暴雨的袭击。

植物的根可以吸收土壤中植物生长所需的水分和矿物质。植物的根尖上长满根毛，根毛很细、很小，但根主要凭借它们吸收土壤中的水分和矿物质，因为它们增加了根的表面积。根毛就像一架架微型"抽水机"，不断抽取着水分和矿物质，以供植物体生长所用。

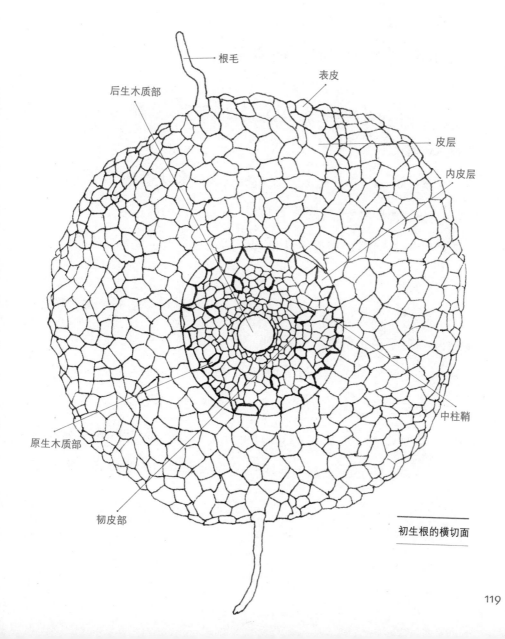

根毛

表皮

后生木质部

皮层

内皮层

中柱鞘

原生木质部

韧皮部

初生根的横切面

有些植物的根部还长有根瘤，如蚕豆的根。根瘤就像一个个瘤子一样，长在根上，并因此而得名。根瘤是由土壤中的细菌侵入植物的根部形成的。这种细菌叫作根瘤菌，具有固氮作用，也就是把空气中的氮气转变为氨，以此满足自己的营养需求。植物的根也因此吸收了更多的营养物质，成长得更加茁壮。随着植物的成长，根瘤会从根上脱落。脱落的根瘤可以提高土壤的肥力，从而改善土壤结构，使植物更好地成长。

上述三个作用前两个是植物根的普遍功能，后面一个不是所有植物都具有。除此之外，某些根还具有其他特殊的作用。举例来说，呼吸根是专门行使呼吸功能的根；支柱根的主要作用为支撑植物体；储藏根多用于储存营养物质，它们往往具有肥厚的肉质；寄生根可以使植物固定在寄主身上，并且还可以吸收所寄生植物的营养；等等。

植物的根通常都为圆锥形，分为主根和侧根两部分。主根就是最粗壮的那条根，侧根是主根侧面生长出来的一些细小的根。有些植物，如大豆、油菜等，主根和侧根差别很大，很容易就能区分；而有些植物，如玉米、小麦等，主根和侧根差别很小，很难区分。根的顶端称作根尖，根尖又分为根冠、分生区、伸长区和成熟区四个部分。其中，成熟区长有根毛，是吸收土壤中的水分和矿物质的主要部分。

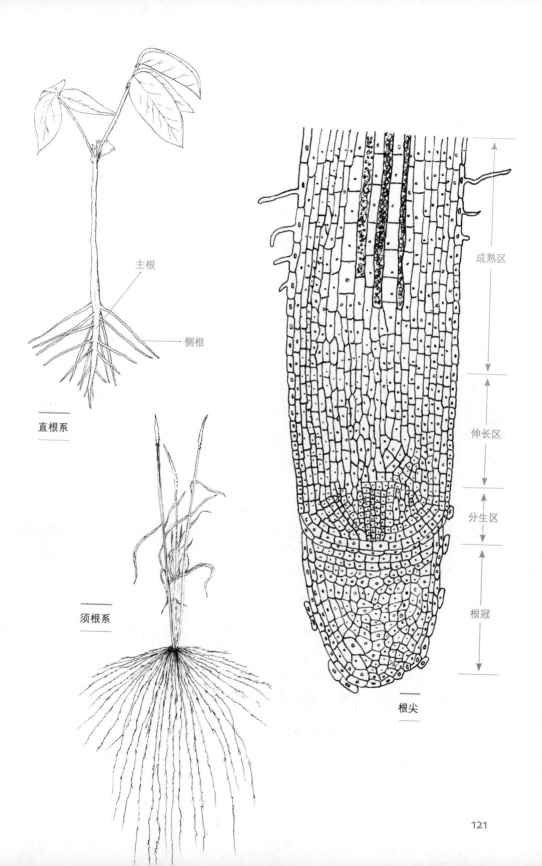

主根

侧根

直根系

须根系

成熟区

伸长区

分生区

根冠

根尖

◎ 茎

　　植物的茎是支柱，支撑着植物繁茂的枝叶；植物的茎是输送系统，它将根部吸收的水分和无机盐由下向上输送到植物体的各个部分。

　　茎是被子植物最显眼的部分。同人类的躯干一样，它衔接着植物的根、芽、叶、花，并将根部吸收的水分和养料输送到植物其他组织中。

　　植物的茎包含三部分，分别是芽、节和节间。茎由顶端的茎尖不断分裂的细胞构成。茎尖又分为三个部分，分别是分生区、伸长区和成熟区。茎通常分为直立茎、缠绕茎、匍匐茎和攀缘茎这四种类型：直立茎就是向上生长、直立的茎；缠绕茎就是绕着支撑物向上生长的茎，如牵牛花的茎；匍匐茎就是趴在地面上生长的茎，比其他种类的茎细和柔软一些，如西瓜和白薯的茎；攀缘茎就是攀缘生长在支撑物上的茎，如爬山虎的茎。

　　除了以上四种茎之外，有些植物还有变态茎。与根的情况类似，变态茎的出现也是植物为了适应环境才进化出来的。变态茎的种类有很多，但整体上可以分为两类：第一类是茎的地上部分的变态，如豌豆的茎；第二类是茎地下部分的变态，如马铃薯的茎。除此之外，像山楂、柑橘等植物还进化出茎刺，可以有效防御自然界中动物的伤

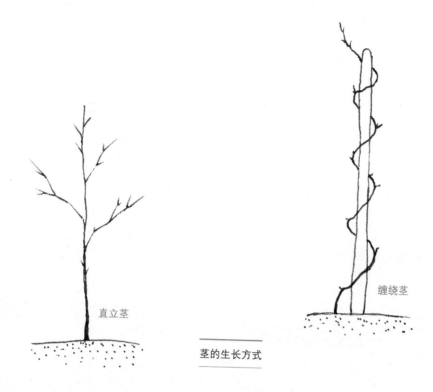

直立茎

缠绕茎

茎的生长方式

害，起到保护植物的作用。还有一种类似的变态茎叫作皮刺，与茎刺一样，皮刺也起到保护植物的作用。两者的区别是，皮刺是由茎外部组织分化而来，而茎刺是整个茎分支都变态呈刺状；而且，皮刺的威力小得多，存留时间也短，容易脱落。

植物茎根据形态可以分为草质茎和木质茎两类。相比较之下，草质茎更矮小柔弱，含的水分更多；木质茎更坚硬。木质茎在灌木和乔木中的形态是不同的：灌木的主茎不明显，植株比较矮小；乔木的主茎很明显，植株很高大。

茎不仅作为植物的支柱支撑着植物繁茂的枝叶，而且是植物的运输系统。茎将植物根吸收的水分和无机盐向上运输到植物体的各个组织，同时将叶制造出的有机物向其他组织运送，保障了植物的正常生长。大部分植物的茎都具有储存水分和营养物质的功能，可促进植物体的吸收利用，使植物更好地生长。

　　那么，植物茎是怎样将水分和无机盐向上运输到植物的其他组织中的？这主要由两点来控制：一是根的根压，二是叶片的蒸腾作用。根压是植物根部形成的压力，可将含水分和无机盐的溶液"压"到茎

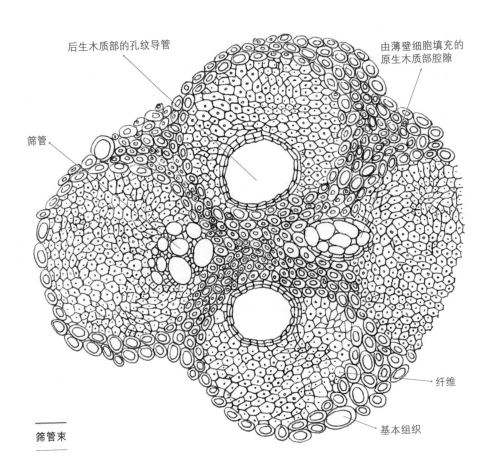

后生木质部的孔纹导管

由薄壁细胞填充的
原生木质部腔隙

筛管

纤维

基本组织

筛管束

中，使之在茎内的运输系统中上升到植物上部。举例来说，生活中将植物靠近基部的茎切断，就会有汁液沿着断口流出，这就是根压作用的结果。除此之外，叶片的蒸腾作用可以产生向上的拉力，促使水分和无机盐等沿着茎向上运输。

植物生长所必需的大部分养分都是通过叶片的光合作用合成的。茎的韧皮部长有筛管，其负责将光合作用产生的养分运输到植物体的各个器官中。但是，筛管只能运输液体，因此这些有机物都是一些可溶于水的小分子物质。像淀粉、蛋白质和脂肪这些大分子物质，筛管是无法运输的，所以植物会先将它们分解为葡萄糖、氨基酸、甘油和脂肪酸等小分子物质，然后才可在筛管中被运输到植物体的各器官里。如果树皮被大面积地破坏，那么叶片制造的有机养料便无法顺利地运送到植物根部，根部因得不到充足的养分就会引发植物死亡。

◎ 叶

叶肉是植物体叶片上表皮和下表皮之间的部分，呈绿色，由薄壁组织组成，其中含有很多叶绿体，是进行光合作用的主要场所。

植物叶片不仅可以进行光合作用，还可以养育生命。植物叶的形态虽然不尽相同，但它们的结构相同，大多数都是由叶片、叶柄、托叶这三个部分组成的，但也有些植物只有其中的某两个部分。

叶的表面有一层紧密相连的透明细胞，叫作表皮。表皮细胞的细胞壁含有角质层或者蜡层，可以起到保护作用。叶肉是植物体叶片上表皮和下表皮之间的部分，又叫绿色薄壁组织。叶绿体大部分都存在于叶肉细胞内，所以叶肉也是进行光合作用的主要场所。叶片上表皮常年接受光照，呈深绿色；下表皮常年背对阳光，呈浅绿色。受光照影响，叶片内部叶肉组织的分布情况可分为异面叶和等面叶两类：叶肉组织具有一定区别的叶片叫作异面叶；其余直立生长，受光照影响不大的叶片叫作等面叶。有些单子叶植物和双子叶植物，如玉米、小麦、胡杨等，叶片几乎是直立的，叶肉组织没有显著分化。异面叶的表皮细胞，向光的一面呈长方形，排列紧密，垂直分布于叶表面。由于其形状类似于栅栏，所以叫作栅栏组织。栅栏组织一般含1~3层细胞。异面叶的另一面含有较少的叶绿体，排列疏松，有着较大的细胞间隙，

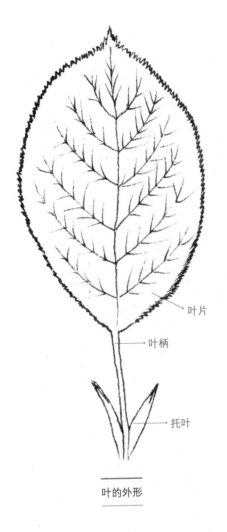

叶片

叶柄

托叶

叶的外形

看上去很像海绵，所以称作海绵组织。

叶柄通常位于叶片基部，上端与叶片相连，下端与茎相连，是连接叶片和茎的结构。但也有少数植物的叶柄位于叶片中央或偏下方的位置，叫作盾状着生，莲、千金藤等植物的叶柄就属于这种。另外，植物的叶柄一般都是圆柱形或者扁平形的。

托叶很小，一般为绿色，有些只是一种膜质片状物质。托叶通常生长在叶柄基部、两侧或者腋部，生长时间早于叶片，在叶萌发早期可保护嫩叶和幼芽。不同种类的植物，托叶的大小和形状也不尽相同。某些植物的托叶存留时间极短，在叶片的生长过程中便开始脱落，并留下一个不十分明显的树痕，如石楠便属于这种托叶早落的树种。另外，有些植物的托叶则能够长时间生长，甚至贯穿叶片的整个生长期，如茜草、龙芽草便拥有这种宿存的托叶。

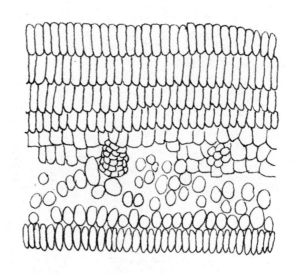

叶发育早期

◎ 花

离瓣花和合瓣花作为植物的重要特征，在辨认植物时具有重要的作用。对于被子植物而言，花冠的分离和结合，同一类植物往往是一致的。

被子植物中的花为植物体的繁殖器官。每种植物花的大小和颜色都有所区别，但多数花的结构都是相同的。包含花梗、花托、花萼、花冠、雄蕊、雌蕊部分的花，叫作完全花，也是大多数植物的花。

花梗也称为花柄，有着支撑花朵的作用。花梗的长短与植物的

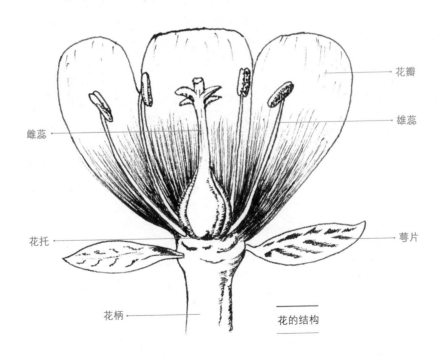

花瓣

雄蕊

雌蕊

花托

萼片

花柄

花的结构

大小紧密相关。虽然大部分花的花梗都不长，但有些植物的花梗非常短，甚至没有花梗。

花梗的顶部为花托，其上依次生长着花萼、花冠、雄蕊和雌蕊。花托多数都是略微胀大的，形状随植物种类的不同而各异。

花的最外层结构是花萼，通常呈绿色，起着保护花蕾的作用，由多个萼片组成。多数植物的花萼会伴随花冠同时脱落，但部分植物的花萼会和子房一起长大，如茄子、石榴等。另外，有些植物的花萼外长有一圈绿色花瓣状萼片，称为副萼，如棉花、蛇莓等。

花萼的内部为花冠，由若干花瓣排列而成。有的花仅有一圈花冠，有的有好几圈。大多数植物的花冠具有鲜艳的颜色，但也有些植物的花冠为白色。与花萼相同的是，花冠也分为离瓣花与合瓣花两类。具有分离花瓣的花称为离瓣花，如蚕豆、桃花等；具有相连花瓣的花称为合瓣花，如牵牛花等。被子植物中同一科或属的植物，花冠

合瓣花

的分离和结合通常都是一致的，所以离瓣花和合瓣花可以用来对植物进行分类。花萼和花冠组成花被，如果一朵花同时具有花萼和花冠，并且两者存在显著的差异，那么这种花就是双被花，如油菜花、番茄花等；如果缺少其中任意一种，则是单被花，如榆树花、桑树花等；如果不具有花被，则称为无被花，如垂柳的花等。

花冠的内部含有雄蕊，它是生成花粉的结构，包含花丝和花药。花丝很细，因为像丝线而得名，但也有些植物的花丝是扁平带状的或花瓣状的，如美人蕉的花丝便呈现花瓣状。还有一些不具有花丝的植物，如栀子等，花药直接长在了花冠上。花药内含有四个花粉囊，花粉囊成熟后会破裂，将花粉通过裂口向外散发。就像花萼、花冠，雄蕊也分为分离和结合两种：花丝结合在一起、花药分开的雄蕊称为单体雄蕊，如木槿、棉花等；除一根花丝外其余花丝结合在一起的雄蕊称为二体雄蕊，如蚕豆等；花丝结合成多束的雄蕊称为多体雄蕊，如金丝桃等；花丝分离而花药结合在一起的雄蕊称为聚药雄蕊，如菊科植物。

花的正中间通常都长有雌蕊，其是形成卵细胞的场所。大部分雌蕊都是由子房、圆柱形的花柱以及柱头组成的。众所周知，雌蕊由具有生殖能力的变态叶逐渐进化而成。这种变态叶称为心皮，是组成雌蕊的基本结构。不同种类植物的雌蕊含有的心皮数目也不尽相同：少数植物的雌蕊是由一个心皮生长而成，如桃花；多数植物的雌蕊由两个或者多个心皮结合形成子房，但花柱或柱头有些是结合的，有些是

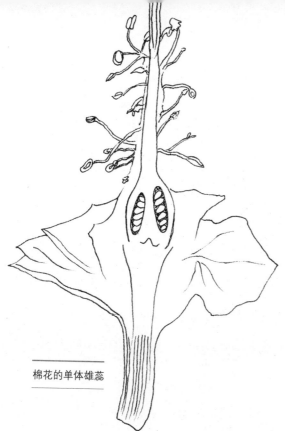

棉花的单体雄蕊

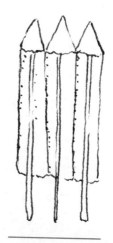

菊科植物的聚药雄蕊

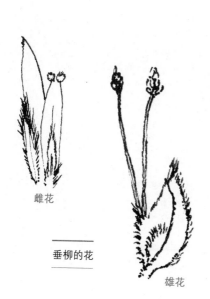

雌花

垂柳的花

雄花

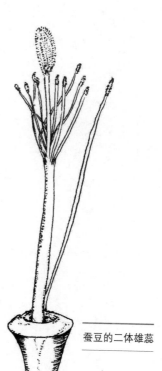

蚕豆的二体雄蕊

分离的，这种类型叫作合生雌蕊；也有一部分植物的花具有两个或者多个心皮，但心皮没有相互结合而是呈现相互分离的状态，每个心皮都能形成一个雌蕊，而且含有子房、花柱、柱头，这种类型叫作离生心皮雌蕊。雌蕊的柱头是接收花粉粒的部位，通常会膨突或者胀大为其他形状。柱头是雌蕊的必需结构，没有柱头的雌蕊是不存在的。柱头下面是花柱，连接着子房。大部分花的花柱是细长状的，也存在花柱非常短的植物，甚至像虞美人这类植物没有明显的花柱。子房的中间部位称为子房室，呈中空状态。子房室将来会生长成植物的胚珠。

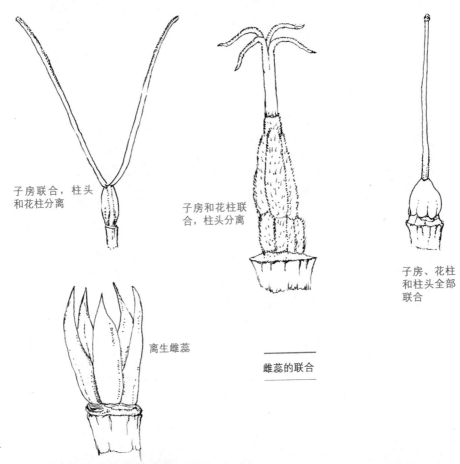

子房联合，柱头和花柱分离

子房和花柱联合，柱头分离

子房、花柱和柱头全部联合

离生雌蕊

雌蕊的联合

◎ 果实

　　果实是被子植物特有的结构，所以可以根据这一点来分辨被子植物：只要能够生长出果实的植物便是被子植物。一般情况下，被子植物受精后就会结出果实。

　　果实通常由果皮和种子两部分组成，其主要起到繁殖后代的作用。由子房发育而成的果实称为真果，大部分被子植物的果实都属于这一种，如桃子、大豆等；由子房和花被或者花托共同发育而成的果实称为假果，少数被子植物的果实属于这一种，如苹果、梨等。由单个雌蕊形成的果实叫作单果，大部分被子植物的果实都属于这一种；由生长在一个花托上的多个离生雌蕊发育出的果实叫作聚合果，其中每一个雌蕊都发育成一个果实，如草莓等；由花序发育而成的果实叫作聚花果，如桑葚、凤梨、无花果等。

　　如前所述，果实一般由果皮和种子两部分组成。其中，果皮分为外果皮、中果皮和内果皮三部分。与果实相同的是，果皮也分为许多具有不同结构的类型。果实受精后，体积会比受精前增长200～300倍，其成熟后的大小和形状均受遗传因素控制。

　　被子植物的果实种类丰富，具有很多分类方法：根据发育成果实的部位，分为真果、假果、聚合果和聚花果；根据果实成熟后果皮的干燥程度，分为干果和肉果；干果成熟后，根据是否分裂，又分为裂

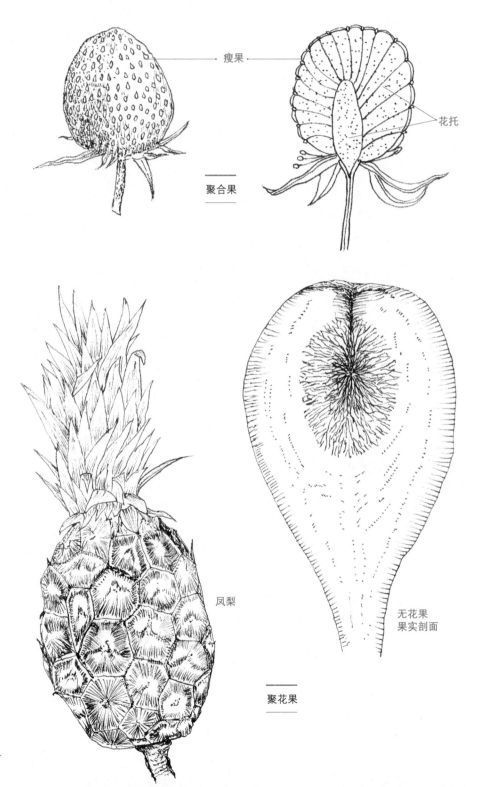

瘦果

花托

聚合果

凤梨

无花果
果实剖面

聚花果

果和闭果；等等。除了形状会发生改变以外，果实在生长过程中，结构和生理作用也会发生变化：第一，果实的颜色会发生改变，这也是判断果实是否成熟的标志之一；第二，果实的质地、散发出来的香味以及果实中的糖分含量等也会发生变化。

◎ 种子

被子植物在生长过程中，多数种子都会形成胚乳。那些少数没有胚乳或胚乳很少的植物，是由于在发育过程中胚会吸收胚乳导致的。是否含有胚乳，也是区分种子种类的一个标准。

种子是植物繁衍的后代，也是植物生命的延续。裸子植物和被子植物都会产生种子。据统计，自然界中有20多万种植物可以形成种子。

不同植物的种子，其大小、形状和颜色也不尽相同：椰树种子的体积很大，而芝麻的种子却很小，但烟草与马齿苋的种子比芝麻的还小；蚕豆的种子长得很像人类的肾脏，豌豆的种子则像一个球；有些植物的种子外表光亮，而有些植物的种子外表暗淡。种子性状的不同在生物学上具有重要意义。举例来说，虽然椰树具有非常大的种子，但每棵椰树形成种子的数量却十分有限。比较大的种子不仅容易萌发，而且其通常含有丰富的胚乳，可以保证种子生长过程中营养的充足；种子比较小的植物往往一次能生成很多种子，尽管只有其中的一部分种子能够发芽，但该类植物存活的后代依然有很多。大多数草本植物都是通过后一种方式来繁殖后代的。

一般情况下，植物的种子分为三部分，即种皮、胚和胚乳。珠被发育成种皮，以便保护内部的胚和胚乳。裸子植物的种皮分为外、中、内三层，其中内层和外层为肉质层，中层为实质层。被子植物种皮类型有很多，有些薄如蝉翼，有些则非常坚硬。受精卵发育成胚。胚通常由四部分组成，即胚芽、胚轴、子叶和胚根。不同的种子，子叶的数目也不尽相同，少的只有1片子叶，多的可以达到18片，但大部分的植物只有2片子叶，如苏铁、银杏等。胚的形状多种多样，有椭圆形、长柱形、弯曲形、马蹄形、螺旋形等。虽然胚的形态各异，但其在种子中的位置固定不变，一般胚根与珠孔相对。胚乳由单倍体的雌配子体发育而来，一般都很充盈，其中储存着丰富的淀粉或者脂肪，有些还有糊粉粒。胚乳一般呈现淡黄色，少部分呈现白色，极为特殊的是银杏，其胚乳成熟后呈现绿色。在发育过程中，大多数被子植物的种子会形成胚乳，但某些种类在成熟的时候胚乳会变得很少，甚至没有胚乳。这是因为它们的胚乳在发育过程中被胚吸收了，这也是区分种子的一个标准。另外，不同植物的种子含有不同数量的胚乳，而且储存的物质也略有不同，通常储存有淀粉、蛋白质和脂肪等物质。

种子成熟之后会脱离母体。这时的种子依然具有生命力，但不同

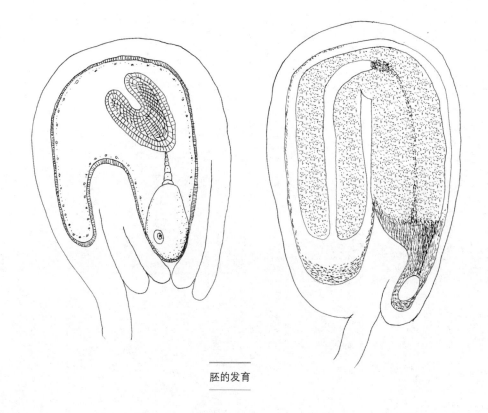

胚的发育

的种子，寿命不同，这是由遗传因素和环境共同决定的。有些植物种子的寿命非常短，如巴西橡胶的种子仅能够存活一周左右；而有些植物种子的寿命很长，如莲的种子可以存活几千年。

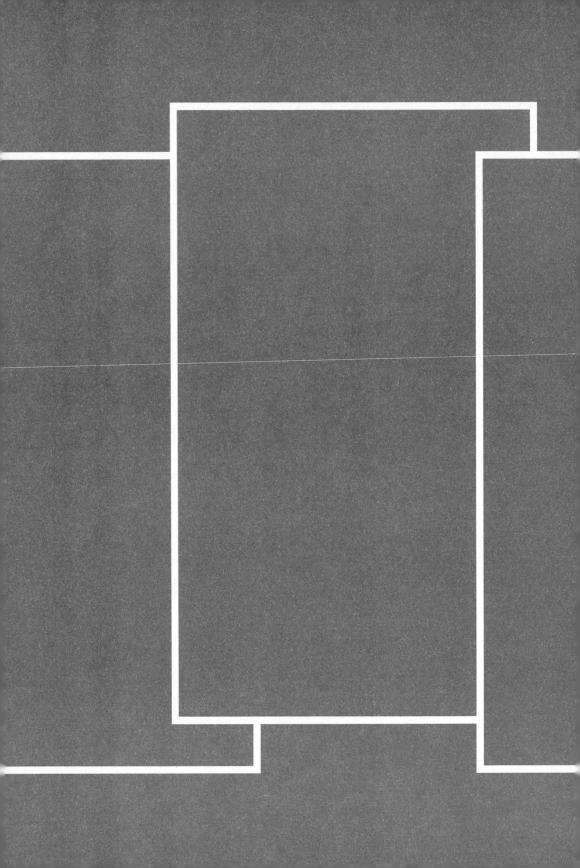

第十章　森林

森林中的植物大部分都属于乔木，其中也包含灌木和草本植物。植物的具体分布状况由当地的气候条件和自然环境共同决定。在森林群落学、地质植物学和植被学中，森林有"植物群落"之称，而生态学将其称为森林生态系统。森林在林业建设中是一种可再生的自然资源，具有极大的经济效益、社会效益和生态效益。

◎ 热带雨林

热带雨林是森林资源中一种重要的森林类型，主要分布在常年高温、气候湿润的赤道地区和热带山地上，有"山地雨林"和"热带季节雨林"等别称。

地球上的大部分雨林都位于北纬10°到南纬10°之间的热带地区。这些地区包含跨越了中美洲和南美洲的亚马孙河流域、非洲刚果盆地以及南亚地区等。热带雨林植被茂密，四处都生长着苔藓，高高的树冠将雨林内部遮得严严实实，导致热带雨林内部十分潮湿和闷热。热带雨林适宜多种生物生存，其中不乏珍稀的动植物，堪称物种天堂。

热带雨林地区的年降水量通常在1800毫米以上，有些地区的年降水量会超过3500毫米。这里的四季不分明，气温的变化也很小，白天一般都在30℃左右，夜晚在20℃左右。热带雨林具有多种多样的地势条件，既有充满碎石的平原，也有遍布溪流的峡谷和起起伏伏的丘陵。这些地势和其中的小溪、瀑布共同形成了热带雨林独特的景观。除此之外，这里的植物种类也非常多，其中大部分为双子叶植物。这些植物的根只有几厘米长，因为热带雨林水土流失的情况非常严重，没有肥沃的土壤供根系发展。土壤中的有机物在高温高湿的条件下分解迅速，植物的根和真菌会快速将其吸收，导致土壤贫瘠。

位于南美洲亚马孙平原的热带雨林是全世界最大、完整性最好、最为完善的雨林，具有典型的热带雨林所具备的特征。这是由该地的地理位置和地形结构决定的。雨林中有着各种各样的植物，它们混合在一起，几乎很难看到只有某种植物的区域，大部分都是乔木、灌木、草本、藤本、附生植物等共同组成的郁闭丛林。森林的垂直结构通常是四五层，最多能达到十一二层。有些植物的树干基部长着板状根，其通常长在树干基部两三米处，以放射状向地生长。有些植物长有发达的气根。这些气根通常长在树干上，自上而下垂直生长，最后扎进土壤，远远看上去就好像很多条悬在空中的"树干"，颇为壮观。还有一些植物长着非常高大的树干，有的甚至高达百米，只为了得到充足的阳光。

热带雨林对于人类和自然界都具有重要的作用，它的存在影响着地球气候环境的变

名词解释 mingcijieshi

垂直结构：植物的不同外貌特征，决定了它们在不同的高度自上而下地生长，由此形成了垂直结构。

亚马孙平原热带雨林

化，一旦消失，将给人类带来难以想象的灾难。因此，全世界的人都在努力保护热带雨林。

　　亚热带雨林是除了热带雨林之外的另一种雨林，主要分布在南北半球的亚热带地区，通常位于迎风的海岸边。与热带雨林不同，亚热带雨林分为雨季和干季两季。在这两季中，温度和日照有着明显区别。亚热带雨林比热带雨林的植物种类要少，树木密度也较低。除此之外，雨林的种类还有季雨林、红树雨林、温带雨林等。

◎ 药用植物

　　药用植物是指有一定医疗作用的植物。发挥药效的有时是整个植物体，有时是植物的某一部分，还有时是植物的分泌物。自古以来，植物就被人类当作药材使用。药用植物的种类繁多，而且有些药用植物，不同的部分通常具有不同的功效。有些药用植物可以整株入药，而有些仅可部分入药，还有一些需要经过进一步提炼才能入药。整株入药的植物有益母草、夏枯草等，部分入药的植物有人参、曼陀罗、桔梗、满山红等，经过提炼后才可入药的植物有奎宁等。

人参

　　人参是药用植物中的典型代表，长期服用可以使身体变得强壮，具有很高的药用和经济价值，有"神草"和"百药之王"的美誉。人参的主要功效有安神增智、调气养血、健脾益肺、滋补强身等。

　　根据植物学的分类，人参隶属于五加科，是多年生草本植物。其有一条呈圆柱形或纺锤形的主根，通常比较粗大，上面长有细长的须根。人参的茎是根状茎（芦头），很短，上面有茎痕（芦碗）和芽苞分布。茎只有一根，属于直立茎，呈圆柱形，表面十分光滑，高度为40～60厘米。人参的叶子呈掌状，属于复叶，叶柄很长，叶片的数目由人参的生长年份决定，比较常见的是2~6片叶的人参。复叶一般又分为3~5片小叶，其中中间的一片叶较大，多为卵形或者椭圆形，长度为3~12厘米，宽度为1~4厘米，具有楔形基部，边缘呈细小的锯齿状。人参的花非常小，属于独生伞形花序，小花数量为4~40朵，呈淡黄绿色，花丝很短，花药为球形，通常结两个扁圆形的种子。人参一般在成熟后的第三年开花，第五年或第六年间结果，果实为鲜艳

人参

的红色。人参往往在6~7月份开花，7~8月份结果。人参喜欢排水性好、土质疏松、土壤肥沃、腐殖质层深厚的土壤环境，适宜生长在冷凉、半阴半阳的气候条件下。

人参属于第三纪孑遗植物，在远古时期数目较多，随着年代的推进，数量变得越来越少，有些野生种类甚至已经完全消失。

罗汉果

还有一种具有代表性的药用植物，它就是罗汉果。其隶属于葫芦科，是多年生宿根草质藤本植物，具有巨大的医药价值。罗汉果为雌雄异株植物，主要分布于热带和亚热带地区。罗汉果的果实通常呈圆形或卵圆形，果实的表皮为绿色，果肉甘甜。烘干之后，果皮变为褐红色，具有一定的光泽，口味也会变得独特。

罗汉果富含维生素C（每100克鲜果含4～5毫克维生素C），以及果糖、葡萄糖、蛋白质、脂类等多种营养物质。长期食用罗汉果可

罗汉果的果实可以用来泡水喝

以起到美容养颜和强健身体的作用。此外，罗汉果还对咳嗽、咽喉肿痛、大便秘结、口渴烦躁等病症有一定的缓解作用。

◎ 油料作物

油在人的生长发育过程中是不可或缺的一类物质。人类食用的油主要分为植物油和动物油两类。

一些含油量较高的植物种子、果仁、果皮和胚芽等可以用来制作植物油。植物中含油量较高的种类有花生、芝麻、油菜、向日葵等。

花生

花生，也称为落花生，属于双子叶植物。花生比起其他粮食作物，营养价值更高，可与鸡蛋、牛奶、肉类等动物性食物齐名。花生含有大量蛋白质和脂肪，以及不饱和脂肪酸，可用于制作多种营养食品。

花生的果实为荚果，分为大、中、小三种，有蚕茧状、串珠状、曲棍状等多种形状。蚕茧状的果实通常含有两粒种子，而串珠状和曲棍状的果实通常含有三粒以上的种子。果壳一般为黄色或白色，少数

花生的果实和种子

种类是褐色的。花生的果仁由种皮、子叶、胚三部分构成，种皮为淡褐色或浅红色，内部含有两片乳白色或象牙色的子叶。

花生的果实含有丰富的蛋白质和脂肪，以及硫胺素、核黄素、烟酸等多种营养素和矿物质，还包含人体必需氨基酸。这些营养物质对于脑细胞的发育十分有益，而且还能增强记忆，由此可见，花生的营养价值十分高。花生的种子含有大量的油脂，可以用来炼油。从中提炼出的油脂，颜色透亮，呈淡黄色，散发着香气，是不可多得的食用油。

芝麻

说起食用油料作物，芝麻恐怕是很多人首先想到的。芝麻在日常生活中具有很高的应用价值，其种子的含油量约为61%，是炼油的最佳原料之一。

芝麻的果实和种子

　　根据植物学的分类，芝麻隶属于胡麻科，为一年生草本植物。其植株上长着密集的小茸毛，茎约1米高，直立生长。茎的顶端开花，花序为单生或成簇腋生。芝麻的花底部呈圆筒状，开口处为唇形，颜色有红色、紫色、白色等。芝麻的种子是扁圆形的，有白色、黄色、棕红色、黑色等颜色。其中，白色种子的含油量最高，黑色种子可入药，具有补肝益肾、润肠通便的功效。

　　芝麻油中含有许多人体必需的脂肪酸，亚油酸的含量更高达43%，是油菜和花生油含量的数倍。用芝麻的种子磨成的芝麻油，香气浓厚，畅销全球。除此之外，芝麻的花、茎、叶含有的芳香物质可以用来制作芳香油，花中的蜜腺可以作为蜜源用来酿蜜。

◎ 香料植物

香料植物含有丰富的天然色素，其根、茎、叶、花或果实中含有芬芳成分，经过加工可以制成多种调味品。柠檬、薄荷、玫瑰等都是常见的香料植物。

柠檬

柠檬隶属于芸香科，为常绿小乔木或灌木。柠檬的幼叶为红色，在其生长过程中会逐渐变为绿色；柠檬的花较大，能够散发出较强烈的香味。花为单生或成簇腋生，花蕾带有点点红色，花瓣上部为白色，下部为红紫色。果实为卵圆形，两端都有乳头状突起。某些品种

柠檬的果实

的柠檬的外果皮比较厚，中果皮为海绵状，呈白色，几乎没有味道，主要用于制作商用果胶。柠檬的果皮是香料的优质来源，果肉非常酸，含有大量的维生素C和少量的B族维生素。

薄荷

薄荷隶属于唇形科，为多年生草本植物。薄荷植株高矮不等，通常为10～80厘米。薄荷的整个植株都会散发出香气。其茎为方形，直立生长，上面长着很多分支和倒生的柔毛。叶对生，有披针形、卵形和长圆形等各种各样的形状，但所有类型的叶子顶端都比较尖，基本呈楔形，边缘长满细小的锯齿，两面都长着短茸毛和腺鳞。

薄荷叶表面分布着油腺，里面存有薄荷油。提炼出的薄荷油和薄荷脑常被用于制作牙膏、口香糖、清凉饮料等。除此之外，薄荷油的药用价值也不可小觑：它可以使毛细血管扩张，加快汗腺分泌，以此来促进散热；可以抑制胃肠平滑肌的收缩，以抵抗乙酰胆碱不断兴奋神经造成的痉挛；加快呼吸道腺体分泌速度，治疗呼吸道炎症；涂抹在皮肤

薄荷的叶与花

上，能够刺激神经末梢的冷感器，并使其产生清凉感，也能改变深部组织血管，达到消炎、止痛、止痒的效果。

玫瑰

玫瑰隶属于蔷薇科，为灌木植物，喜欢阳光充足的环境，能抵抗旱涝和寒冷，通常生长在沙土地上。玫瑰花中的挥发油性质优良，是一种名贵的香料，主要成分为香叶醇、维生素和矿物质。玫瑰也可以制成香精，用来熏茶、制酒、制作多种甜味食品，具有很大的经济价值，某种程度上堪比黄金。玫瑰可以入药，具有行气、活血、收敛的功效。玫瑰所含的维生素C较多，所以常被用来提取天然维生素C。

玫瑰

◎ 糖料植物

糖是人体中的主要供能物质，我们生活中食用的糖多为糖料植物的提取物，像甘蔗和甜菜就是日常生活中最常见的重要糖料植物。

甘蔗

甘蔗隶属于禾本科，为一年生草本植物，植株高低不等，矮的只有几十厘米，高的则达数米，有的甚至可达7米。甘蔗的茎粗壮多汁，外面盖着一层白色物质。叶互生，边缘长着细小的锯齿。花为复总状花序。

甘蔗是糖的主要制作原料之一，蔗糖总量占全世界食用糖总量的65%以上。除此之外，甘蔗在轻工、化工和能源等方面也是重要的原材料，例如甘蔗渣、废蜜和滤泥可以制成纸张，蔗渣糠、废蜜可制成反刍动物的饲料。

甘蔗及蔗糖

甜菜

糖料植物中的另一种代表性植物为甜菜。甜菜为两年生草本植物，其中第一年为营养生长期，也就是根部积累许多营养物质使自己变得更加肥大的时期；第二年为生殖期，也就是花与花之间授粉，并结出种子的时期。现在，甜菜主要有糖用甜菜、叶用甜菜、根用甜菜和饲用甜菜这四个变种，其中糖用甜菜是两年生的种类。甜菜既是制作糖的重要原料，又是制作饲料的原料；既具有食用价值，又可以用作医药和工业原料。另外，甜菜的茎、叶、根等可作为酿造原料制酒。

甜菜的种植范围很广，18世纪时德国便开始大量种植甜菜。另外，很多国家的人都喜欢食用甜菜。

甜菜

◎ 粮食作物

粮食作物是人类日常生活中食物的主要来源，其中的经济价值是不可估量的。其主要包含谷类作物、豆类作物和薯类作物。

粮食作物也叫禾谷类作物，主要分为谷类、豆类和薯类三大类。具体来说，谷类作物有小麦、水稻等，豆类作物有大豆、蚕豆、豌豆等，薯类作物有甘薯、马铃薯等。粮食作物是人类日常生活中食物的主要来源，所含的经济价值很大。

水稻

水稻是世界上最主要的粮食作物之一，隶属于禾本科，须根系，高约1.2米。其叶呈长扁形，花由许多小穗构成，属于圆锥形穗状花序，成熟后结的子实即为稻谷。水稻主要生长在热带、亚热带和温带地区的沿海平原、潮汐三角洲和河流盆地中。

水稻子实体外长有一层外壳，碾磨时可除去外皮和米糠层。仅除去稻谷外壳的稻米叫作糙米。糙米中的主要成分是淀粉，另外还有8%左右的蛋白质，以及少量的脂肪、铁、钙等元素。除去外壳和米糠，仅留下里面的仁的大米，叫作精米或者白米。其相较于糙米营养价值降低了许多。

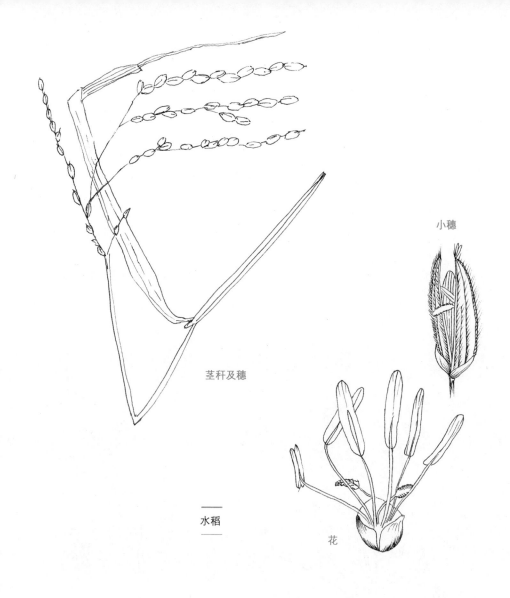

小穗

茎秆及穗

花

—— 水稻 ——

　　水稻除了可以被食用以外，米糠以及在米糠中提取出的淀粉可制成饲料，碎米可用来酿酒、提炼酒精、制造淀粉等，稻壳可作为燃料，也可以用来制作化肥和糠醛。稻草通常被用来当作饲料，有时也被当作建筑材料和包装材料，也可用于制作席垫、服装、扫帚等生活用品。

小麦

　　小麦是除了水稻之外的另一种重要粮食作物，也隶属于禾本科，为一年或者跨年生草本植物。小麦的茎一般分为4～7节，叶片是长线形的，花为直立穗状花序，穗釉会持续生长且不会折断。每个小麦植株上只长一个小穗，其内有3～9朵花。小麦的果实为颖果，颗粒较大，为长圆形，顶端长着毛，背面有一道纵向的深沟。颖果与麸片是

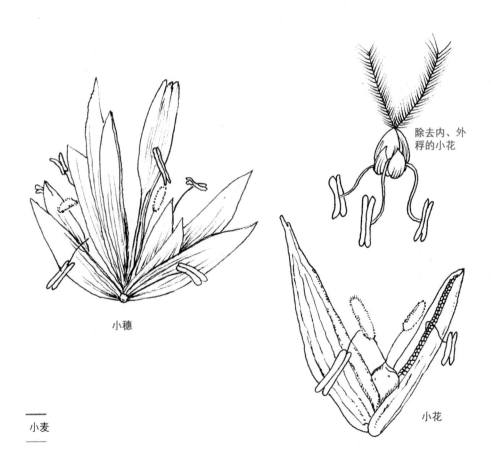

除去内、外稃的小花

小穗

小花

小麦

分离的，极易剥开。

小麦的主要成为是淀粉、蛋白质和脂肪，另外还含有钙、铁、硫胺素、核黄素、烟酸、维生素A等物质。小麦所含营养成分的含量，会随着品种和生长环境的不同而有很大的区别：生长在干旱气候中的小麦，蛋白质含量较高，一般可达14%～20%，制成的面粉韧性较强，弹性较大，适合制作面包；生长在潮湿环境中的小麦蛋白质含量较少，一般少于10%，制成的面粉较软，弹性较差。大部分面粉都被人类拿来食用，剩下的则用来生产淀粉、酒精、面筋等。小麦加工产生的副产品（如麦糠）是牲畜饲料的原材料。

小麦品种丰富，根据穗状花序的疏密情况、小穗的结构、颖片以及谷粒的性状、颜色、茸毛等方面，小麦又分为多个亚种和变种。人们一般种植普通小麦，其由三个品种杂交而成，即山羊草属、冰草属、小麦属。此外，小麦还可以根据生长环境温度的不同分为冬小麦和春小麦两个类型。

◎ 纤维作物

纤维作物指富含纤维的作物，如棉花、亚麻、大麻等。这类作物中的纤维是纺织的原材料，通常被用来制作服装。

棉花

棉花隶属于锦葵科，为一年生草本植物或多年生灌木。棉花的经济价值很高，因为其结出的果实与桃子的形状相近，因此被称为棉桃。棉花在不同地区，植株的高度也不尽相同，热带地区的棉花高达6米，而普通的棉花仅一两米高。棉花的花苞为乳白色，开花后逐渐变成深红色，花瓣凋谢后留下一个绿色的果实，即为棉铃。棉铃为蒴果，里面长着棉籽。棉籽外长有一层茸毛。这层茸毛会逐渐长满至整个棉铃。然后，棉铃会裂开，露出内部的纤维。

纤维的颜色为白色或淡黄色，长2～4厘米。纤维根据外观和颜色可以分为三类。第一类为细长型，长2.5～6.5厘米，光泽度较好，海岛棉、埃及棉、匹马棉等就属于这一类。这类棉花产量低，价格高，是高级布料、棉纱、针织品等织物的原材料。第二类长度中等，为1.3～3.3厘米。第三类最短但较粗，一般为1～2.5厘米。这类棉花多用于制作地毯、棉毯、廉价的织物或与其他纤维制成混纺制品。

棉铃在裂开时，就到了采集棉花的时候。棉花采摘下来后，需要清洗和梳理，将棉籽纤维拧成绳状，再逐渐拉长、伸直，使其直径变细。如果是制作高品质细纱的纤维，还需经过精梳程序。棉花是一种重要的农作物，种植成本低，产量高，可制成各种织物。

棉花及棉桃

亚麻

亚麻是纤维作物的另外一个重要品种，其隶属于亚麻科，为一年生草本植物。除了用作纤维，亚麻还可以制油。人类通常根据用途决定亚麻的种植方式：密集种植可以抑制亚麻分支的生长，提高纤维质量；相对地，疏松种植可以促进分支的生长，提高种子的产量，用来制油。亚麻原产于近东和地中海沿岸，新石器时代的瑞士湖居民和古埃及人已经开始种植亚麻，并用其制作衣料。

油用型亚麻叫作胡麻，主要用于制作油漆、油墨等物品。亚麻纤维具有拉力强、柔软、细度好、抗静电、吸水和散水快、易膨胀等特点，不仅可以纺高支纱，而且可以制成高级衣料。

亚麻

第十一章

自然元素矿物

没有和其他元素结合在一起的单质矿物称为自然元素矿物，其主要分为金属元素（如金、银、铜等）和非金属元素（如碳、硫等）两大类。金属元素具有密度大、延展性强、不透明的特点，其产出品通常为不规则的树枝状和纤维状；非金属元素具有导电性差、透明或者半透明状的特点，其产品通常为块状，多数为绝缘体，以晶体结构最为常见。

◎ 金、银、铜、铂

金、银、铜、铂等金属矿物是在地质演变过程中逐渐形成的。它们的经济价值由化学性质和稀有性来决定，越稀有的，价值越高，越受人类欢迎。

金

自然金主要存在于中高温溶液形成的石英脉中，或者在火山中滚烫的岩浆中温度相对较低的岩浆形成的矿床里，通常与石英、硫化物相结合。此外，没有凝固的砂积矿床、砂岩，甚至河床中也含有颗粒状或块状的自然金。

自然金主要为八面体晶体，其次是十二面体晶体，立方体晶体很稀少。其产品呈树枝状、颗粒状、鳞片状，有时也有大块的不规则体。金黄色的自然金具有一定的金属光泽，随着银含量的上升，其色泽也会从深变浅。

银

自然银主要存在于热液矿脉中，并且与金、金属硫化物等矿物混杂在一起，位于矿床的氧化带中。自然界中很难见到完整的单晶体银，其大部分为不规则纤维状、树枝状、块状聚集在一起的结合体，以平行带状埋于矿床。银的表面通常为灰黑色，间或会露出部分银白色，里面则全部为银白色。银具有良好的延展性、导电性和导热性。

银的低熔点使其在硫化氢蒸气中会慢慢失去光泽。墨西哥和挪威是世界上著名的银产地。

过去，人们常用银来制作餐具

铜

自然铜中一般还包含少量其他元素，如铁、银、金等。其晶体结构主要是等轴晶系，但自然界中很难见到完整的自然铜晶体，最常见的是片状、块状、板状、树枝状等聚集在一起的结合体。铜的颜色是鉴定其质量的重要标准，铜晶体的新鲜切面为铜红色或者浅玫瑰色，氧化后变为黑褐色或者绿色。

铜具有良好的导电性、导热性和延展性，其主要存在于金属矿脉、沉积岩与火成岩交接处，以及变质岩中。全世界范围内主要的产铜地区包括美国苏必利尔湖南岸、俄罗斯图林斯克和意大利的蒙特卡蒂尼等。

铂

与基性、超基性岩相关的岩浆矿床（如铜镍硫化物的矿床），砂矿中通常包含有自然铂。铂通常为银灰色或者白色，间或有钢灰色的线条，其表面具有一定的金属光泽，有一定的延展性和较弱的磁性。自然界中很难见到铂的立方体晶体，最常见的是不规则的小颗粒状、粉末状、葡萄状等聚集在一起的结合体。

铂具有良好的稳定性，熔点高，常用来制作高级化学器皿，或用来与镍等物质制成合金。全世界范围内主要的产铂地区为加拿大、美国和俄罗斯的乌拉尔等。

现代人常用铂来制作戒指等首饰

◎ 砷和锑

自然砷和自然锑具有不同的价值和用途，但都在人们的日常生产和生活中发挥着重要作用。

砷

在炙热的矿脉中，自然砷与银、钴、镍等物质混杂在一起。其形态以颗粒状、葡萄状、钟乳状聚集在一起的结合体形态多见，偶尔还会有棱面体晶体。砷氧化后会变为深灰色或黑色，在自然状态下则呈灰色或白色，具有金属光泽，韧性较差，受热或外力击打会散发出奇特的味道，有一点像大蒜味。

有报道称，法兰西第一帝国的皇帝拿破仑就死于砷中毒。

众所周知，砷可以解决由杂质铁导致的玻璃变绿问题，因此制造玻璃时会用到砷。过去，因为砷具有毒性，所以还被用来制作毒药和杀虫剂。

锑

在炎热的矿脉中，除了砷、银、方铁矿、黄铁矿等，还有锑。自然界中很难见到锑的假立方体晶体，以钟乳状、块状、放射状等聚集在一起的结合体为多见。自然锑为带有一点蓝色的铅灰色，间或出现黑色条痕，具有金属光泽。自然状态下的锑通常都与其他金属混杂在

锑矿石

一起，在温度发生变化时，起着维持金属体积的作用。锑是制作烟花爆竹、火柴头、点火工具等物品的原材料，也可以用来制作医药或有色玻璃。全世界范围内主要的产锑地区有法国、芬兰、澳大利亚、南非和德国等。

◎ 硫、金刚石、石墨

金刚石和石墨都是由碳元素构成的，由于化学成分相同，它们被称为"同素异形体"。但两者差别很大，已知金刚石的硬度是地球上所有物质中最大的，而石墨的硬度非常小。

硫

硫在自然状态下大多都是菱方双锥形晶体，间或出现厚板状、块状、颗粒状、条带状、球状、钟乳状聚集在一起的结合体。硫通常呈柠檬黄色，有少数为蜜黄色或黄棕色。其断口处的油脂具有一定的光泽。硫的韧性差，呈透明或半透明状。

在自然界，硫主要分布于火山岩、沉积岩、硫化矿床风化带、温泉周围，通常与方解石、白云石、石英等矿物混杂在一起。自然硫因

硫矿石

为内部夹杂着黏土、有机质、沥青等物质，所以一般都是不纯净的。硫属于绝缘物质，经摩擦后可以带负电。自然硫主要用来制作硫酸，也是造纸业、纺织业和化肥制造业的原材料。

金刚石

金刚石通常位于超基性岩的角砾云母橄榄岩中，一般为立方体、四面体、八面体或十二面体，具有弯曲晶面。晶体结构的模型如下：每个碳原子周围都有四个碳原子，而且这个碳原子位于中心位置，通

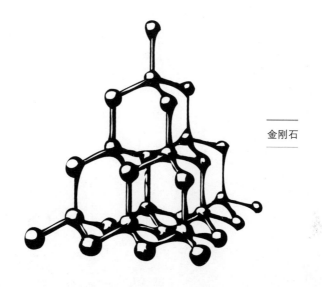

金刚石

过共价键和四个碳原子连接，构成立体网状晶体。这种结构使得每个碳原子的位置相对固定，不容易被破坏，所以金刚石的硬度很强。

原始的金刚石通常为具有放射结构的圆形块体和微晶块体，有很多颜色，如白色、灰色、黄色、红色、蓝色等。金刚石由于其绚烂的色彩成为世界上价值最高的宝石之一。另外，由于其非常坚硬，金刚石还可用于工业切割，常见的玻璃刀就是用金刚石制成的。

石墨

由前已知，金刚石和石墨的化学成分相同，但两者差别很大，金刚石为已知硬度最大的物质，而石墨的硬度非常小。石墨是碳元素结晶矿物，结构为每个碳原子连着三个其他碳原子，并最终形成蜂巢结构。石墨常以块状、片状、颗粒状的结合体产出。

石墨质地较软，呈黑灰色，在无氧条件下熔点超过3000℃，是一种抗高温物质。除此之外，石墨具有非常好的导电性和导热性。自然界中不存在纯净的石墨，其往往与水、沥青等物质混杂在一起。石墨晶体的结构决定了它的工艺特征，并据此被分为致密结晶状石墨、鳞片石墨和隐晶质石墨三类。石墨的工业用途十分广泛，如制作冶炼用的高温坩埚、机械工业中的润滑剂、冶金工业中的耐火材料和涂料、军事工业中的火工材料安定剂、轻工业中的铅笔芯、电气工业中的碳刷、电池工业中的电极和化肥工业中的催化剂等。

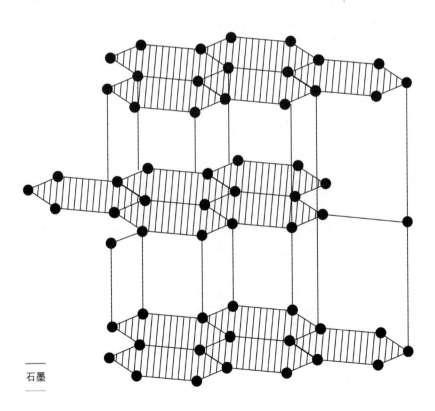

石墨

第十二章

硫化物和硫酸矿物

金属或者半金属元素与硫元素化合生成的天然化合物称作硫化物，如果将硫替换为硒、碲、锑、铋，那么生成的物种就是硒化物、碲化物、锑化物和铋化物。铅、锌、铁、铜等矿石就常以硫化物的形式产出，但因为它们很容易氧化成硫酸盐，所以通常位于水位较低的炙热矿脉中。硫与金属或者非金属元素结合在一起形成的天然化合物称为硫酸矿物，它们与硫化物具有很相似的性质。

◎ 方铅矿和辰砂

神话中古罗马帝国灭亡是因为帝王宠爱美女而不理朝政造成的，但事实却是由于他们生活中使用了很多铅制品器皿导致的铅中毒。辰砂，又叫丹砂，是炼汞的重要原料，也是一种有毒矿物。

方铅矿

方铅矿主要存在于温热的液矿床中，与闪锌矿混杂在一起形成铅锌硫化物矿床。另外，方铅矿中还可能存在萤石、石英、方解石、黄铁矿等物质。方铅矿为立方体晶体，少数情况下是八面体与立方体的聚形。聚合体常常是颗粒状和致密块状的，不透明，外表为铅灰色，

此画叫作《尼禄的火炬》，由波兰画家西米尔拉德斯基（1843—1902）绘制，反映了古罗马皇帝尼禄的暴虐。

伴随有黑色条痕，具有一定的金属光泽。

方铅矿就是硫和铅等比例结合的硫化铅，是一种很常见的矿物，也是铅的重要来源。过去，水手总用其提炼铅，来清理船底附着的藤壶等物质。另外，铅还可以用来制造兵器。铅的危害也很大。据研究，古罗马的灭亡不是由帝王沉迷于女色引起，而是因为古罗马人在生活中经常使用铅制品而导致的铅中毒。

辰砂

辰砂，又叫作丹砂、朱砂，是汞的硫化物，可以用来提炼汞，一

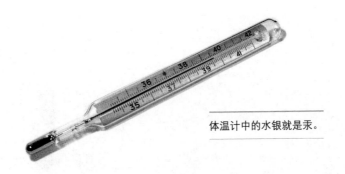

体温计中的水银就是汞。

般呈棕红色或猩红色。其晶体表面具有光泽，为半透明状，间或有红色条痕。晶体为板状或柱状，双晶形式比较常见。辰砂有一定的药用价值。而且，由于其晶体独特的造型和绚烂多彩、含蓄质朴的特点，辰砂也是观赏石的重要来源。

辰砂的含汞量高达85.4%。自然界中很少有纯净的辰砂，其中经常夹杂着沥青、雄黄、磷灰石等物质。另外，辰砂还常出现在含有雄黄、黄铁矿的火山道或温泉周围，与白铁矿、蛋白石、石英、方解石等混杂在一起。

◎ 闪锌矿、硫镉矿、辉锑矿

闪锌矿是锌的重要来源，硫镉矿是冶炼铅和锌时形成的副产物，辉锑矿是锑的重要来源。

闪锌矿

闪锌矿主要包含锌、铁、硫等成分，其中的杂质比较多，主要产自矽卡岩型矿床或者中低温热液成因矿床中。这些矿床富含锌矿物，以及白云石、石英、黄铁矿、方铅岩、重晶石、方解石等。闪锌矿晶体通常是四面体或者菱形十二面体，晶面具有一定弯曲度。闪锌矿会因其含铁量不同而呈现出不同的颜色，当铁含量增加时，颜色会由浅变深，由淡黄色变黑色，由透明变半透明。

闪 锌 矿
Sphalerite

化学式：ZnS
产　地：湖南

闪锌矿

闪锌矿与稀盐酸反应会生成硫化氢，散发出类似于臭鸡蛋的气味，这是一种鉴定闪锌矿的方法。纯净的闪锌矿熔点很高。闪锌矿是重要的锌来源，其产出矿床上经常含有方铅矿，而且其内部还含有镉、铟、镓等稀有元素，有着巨大的潜在价值。

硫镉矿

硫镉矿为表生矿物，一般存在于硫化物矿床的氧化带中，与闪锌矿或者纤锌矿混杂在一起。硫镉矿是柱状或锥状晶体，最常见的是将其他矿物覆盖起来的土状晶体，颜色为黄橙色、暗橙色或者红色，有深浅不一的条痕。硫镉矿呈透明到半透明状，有一定的光泽，且纹理清晰，断口处常呈贝壳状。其主要用来提炼镉或制造镉黄等化合物，

硫镉矿

是冶炼铅和锌生成的副产品。

辉锑矿

中低温的热液矿床是辉锑矿的主要来源，其主要成分是由辉锑矿构成的石英脉或碳酸盐矿物。辉锑矿为铅灰色，有铅灰色条痕，结构为柱状晶体，表面上还有纵向条纹，而且大部分呈弯曲状，甚至是卷曲与反射状的结合体，还有针状、纤维状、颗粒状和致密状的结合

辉锑矿

体。辉锑矿的晶体结合体种类很多，有着很高的观赏价值和收藏价值。辉锑矿是锑的重要来源，可以用来制作安全火柴和胶皮。

◎ 斑铜矿、黄铜矿、辉铜矿

铜属于天然矿物，具有多种价值。其多数用于工业生产，有时也用于制作装饰品。提炼铜的重要矿物有斑铜矿、黄铜矿和辉铜矿。

斑铜矿

铜和铁硫化之后就会形成斑铜矿，其中含铜量约为63.3%，是铜的重要来源。斑铜矿位于斑岩铜矿中，常与黄铜矿、石英、方铅矿等矿物混杂在一起；也存在于矽卡岩矿床和铜矿床的次生富集带中。斑铜矿的性质极不稳定，常和辉铜矿或铜蓝发生反应。

斑铜矿的晶体一般为立方体、八面体和菱形十二面体，具有弯曲不平坦的晶面，一般呈现出密块状或者不规则的颗粒状。其颜色为暗铜红色，表面被风化后会形成一层带蓝紫斑的青色，呈现蓝色或紫色光泽，有"孔雀石"的美称。其上具有灰黑色条痕，晶体不透明，具有金属光泽。

化学式：$Cu_2(CO_3)(OH)_2$
产　地：刚果

孔雀石因其美丽的色泽，常被人们用来制作首饰。

黄铜矿

黄铜矿产自硫化物矿床，主要成分是$CuFeS_2$。晶体形式为假四方体，大部分为双晶，表面有许多条纹，也有不规则的颗粒状或密块状组成的结合体。黄铜矿表面的颜色为黄铜色，间或有蓝紫色晕彩和绿黑色条痕，具有金属光泽，不透明。黄铜矿和黄铁矿在外观上与自然金很像，但在硬度上，黄铜矿比黄铁矿要低，且黄铜矿中的绿黑色条痕遇到硝酸就会消失，而自然金无法溶于硝酸。黄铜矿较为常见，属于硫化物，是重要的铜矿石来源之一。

辉铜矿

辉铜矿通常与石英、方解石等矿物在炙热的矿脉中混杂在一起，主要成分是Cu_2S，晶体最常见的形式是块状的集合体。其表面为暗深灰色，不透明，具有金属光泽。辉铜矿遇硝酸溶解，燃烧时显现绿色火焰，同时释放二氧化硫气体。辉铜矿的含铜量在铜的硫化物中最高，约为79.86%，是铜的重要来源。

◎ 黄铁矿、磁黄铁矿、白铁矿

黄铁矿是分布范围最广的硫化物，也是硫的重要来源，可用来制造硫酸。磁黄铁矿是另一种制造硫酸的主要原料。白铁矿在一定条件下会转变成黄铁矿。

黄铁矿

黄铁矿常见于岩浆岩、沉积岩和变质岩的副矿物中，内部有钴、镍、锌等物质。黄铁矿的晶体形式为立方体、八面体、五角十二面体，表面布满条纹，大部分为密块状、颗粒状、结核状聚集在一起形

黄铁矿

成的结合体。其晶体表面为淡黄色，具有绿黑色条痕，强金属光泽，不透明。由于黄铁矿是浅黄铜色，又带有强金属光泽，所以常被误认为是黄金，有"愚人金"之称。由前已知，黄铁矿是分布范围最广的硫化物，可以用来提取硫和制造硫酸。

磁黄铁矿

磁黄铁矿主要分布在各种磁性岩浆矿床中，通常与黄铜矿、黄铁矿、磁铁矿、毒砂等物质混杂在一起。其晶体呈板状或片状，颜色从黄色到红色不等，氧化后呈棕色，间或有灰色或黑色的条痕。磁黄铁矿表面具有金属光泽，不透明。其也可用于制造硫酸，经济价值比黄铁矿略低，但含镍量较高，作为镍矿石具有多种用途。

白铁矿

白铁矿主要于页岩、黏土岩和石灰岩中分布。全球白铁矿含量略少于黄铁矿，但白铁矿很难量产，因为当外界温度超过350℃时，便会转化为黄铁矿。白铁矿有多种多样的晶体，以板状和椎体状最为常见；由于晶体是双晶的缘故，表面常有一定的弯曲度，有着鸡冠状的外观。其表面颜色是淡白色，风化后变为黑色，有着黑绿色条痕，且具有金属光泽，不透明。

◎ 脆银矿、深红银矿、车轮矿

银矿是自然界中极其珍贵的资源，它给人们的生产和生活带来很多益处，有巨大的经济价值。

脆银矿

脆银矿主要分布在银脉矿床中，一般与自然银、硫化物和盐酸类物质混杂在一起。脆银矿的晶体呈柱状或板状，其中板状晶体表面具有斜线条纹。其晶体具有双晶和块状的集合晶体两种形式，表面为铁黑色，有黑色条痕和金属光泽，不透明。脆银矿熔点很低，极易熔化，可以溶解在硝酸中。

深红银矿

深红银矿又被称为浓红银矿、硫锑银矿，一般与银、硫盐类物质、其他矿物（如黄铁矿、方铅矿、石英、白云石等）共存于炙热的矿脉中。深红银矿为柱状或三角面体晶体，部分为双晶。由于晶体两端不对称，也会出现块状和致密状的集合体。晶体表面呈暗樱红色，具有绛红色条痕和一定的金属光泽。

车轮矿

车轮矿主要于中低温热液矿床中分布，一般数量较少，常存在于铅锌和多金属矿床中，与方铅矿、银、黄铜矿、石英等物质共同存在。其晶体为短柱状或板状，以双晶形式为主，晶体表面有条纹，也有块状、颗粒状、致密状晶体的集合体。车轮矿的表面颜色由灰色至黑色不等，具有灰色条痕和金属光泽，不透明。

◎ 黝铜矿和砷黝铜矿

黝铜矿含银，因此具有一定的经济价值。砷黝铜矿富含铜和砷，具有的经济价值很大，但其分布范围很小，数量少，目前只发现于美国和俄罗斯两地。

黝铜矿

黝铜矿是铜和锑的硫化物，与铜、银、重晶石、石英等共同存在

于矿脉中。其晶体为四面体双晶，有着三角形晶面，也有块状、颗粒状、致密状的集合体。晶体颜色由灰色至黑色不等，条痕颜色由棕色至红色不等，具有金属光泽，不透明。某些黝铜矿经过复杂的变化后会生成银，且含银量能达到18%，成为银的重要来源，具有一定的价值。全世界大多数多金属矿床中都含有一定数量的黝铜矿。

砷黝铜矿

砷黝铜矿多见于铜、铅、锌、银等硫化物的矿床中，与其他含铜矿物混杂在一起。尽管其分布范围很广，但很少有大量出产的情况。

现代采矿厂

砷黝铜矿多出现于炙热矿床和多种硫化物的组合中，是中温热液矿床中常见的品种，与黄锡矿、黄铜矿、闪锌矿、方铅矿等混杂在一起。晶体为四面体双晶，晶面呈三角形，也有块状、颗粒状、致密状的集合体。晶体表面为深钢灰色，条痕的颜色由棕色至红色不等，具有金属光泽，有些会异常明亮，且不透明。砷黝铜矿是提炼铜和砷的重要原料，具有很高的经济价值，可惜数量很少，仅存在于美国、俄罗斯两地。

第十三章

卤化物

金属元素和卤元素结合形成的化合物称为卤化物。其所在的地质环境的种类非常多：一些卤化物存在于蒸发岩地层，如石盐；一些卤化物常见于炙热的矿脉中，如萤石。大多数卤化物的晶体是立方对称形，且有着很小的比重。

◎ 石盐、钾石盐、氯银矿

　　钾石盐大部分用来制造钾肥，少部分用来提取钾和制造含钾的化合物。由此可见，其是钾的重要来源。

石盐

　　石盐又叫作盐、岩盐，属于氯化钠矿物，主要产于岩盐层，其周围往往还出产石膏、白云石等物质。石盐为立方晶体，表面有部分凹陷，也有块状、颗粒状、致密状的集合体。石盐的颜色有很多，如白色、无色、黄色、蓝色、紫色、黑色等，不过条痕都是白色。其质地从透明到半透明不等，具有玻璃光泽。

　　石盐是重要的化工原料，其中包含的钠和氯主要在工业中用于制造多种商品。另外，石盐在食品加工业中也发挥着重要作用。全世

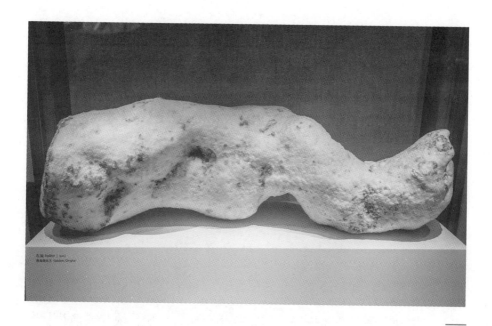

石盐

界有70多个国家在大量开采石盐。如果石盐在比较浅的地下，通过地下开矿挖竖井到达岩盐层就可以进行开采。还有一种更加简便的萃取法，即用水泵将水灌入含盐的地层，然后将卤水抽到地面上，在水分蒸发之后析出的晶体即为石盐。

钾石盐

钾石盐，又被称为钾盐，是含盐溶液沉积形成的一种蒸发岩矿物，一般与石膏、石盐等混杂在一起。其晶体主要是颗粒状和块状的集合体，呈六面。纯净的钾石盐无色透明或显白色，而含有杂质的则显红色、黄色、蓝色等颜色，不透明。晶体表面有白色条痕和玻璃光泽。

钾石盐大部分用来制造钾肥，小部分用来提取钾和制造含钾的化合物，可见其是钾的主要来源。制造光学材料时会用到无色透明的大块钾石盐晶体。

氯银矿

银矿床氧化带形成的次生物质中有一种十分罕见的晶体，叫作氯银矿。这种晶体主要是皮壳、蜡状的集合体，一般呈块状或薄片状。其新鲜切面无色，风化后会变成绿色、黄色或者紫色。氯银矿表面具有金属光泽，透明或半透明。蜡烛的火焰即可使其熔化，其也能溶解在氨水中，但不溶于硝酸。

◎ 光卤石、冰晶石、萤石

光卤石很容易在空气中潮解，具有油脂光泽。冰晶石主要产于岩浆岩中，尤其多见于伟晶岩。萤石在冶金工业中可以作为助熔剂，还是制造氢氟酸的原料。

光卤石

光卤石是含有镁和钾的盐湖蒸发后产生的钾和镁的卤化物，常出现在含有石盐、钾石盐的地方。光卤石的六面锥体晶体非常罕见，较为常见的是块状和颗粒状晶体的集合体。纯净的光卤石无色，或呈白色，含有少量氧化铁的则为红色。其质地透明或不透明，新鲜切面具有玻璃光泽，在空气中极易潮解，随之呈现油脂光泽。光卤石是制造钾肥和提取镁的主要原料，拥有一定的经济价值。

冰晶石

冰晶石主要产自岩浆岩，其中伟晶岩含量最多。其晶体为立方体或短柱形双晶，也有块状和颗粒状的集合体。冰晶石的颜色很多，有无色、白色、棕色、红色等，一般具有白色条痕。其质地透明或半透明，具有玻璃或油脂光泽。冰晶石是炼铝的助熔剂，还是制造农药和乳白色玻璃的原材料，经济价值很高。

萤石

萤石，又被称为氟石，主要产自炙热的矿脉和温泉周围的伟晶岩或萤石脉的晶洞，通常与石英、方解石、黄铁矿、重晶石等混杂在

化学式：CaF₂
产　地：福建

紫色萤石

一起。萤石的晶体为等轴晶系，一般为立方体、八面体、立方体的穿插双晶，也有颗粒状和块状晶体的集合体。经紫外线照射或加热后，晶体会出现蓝紫色荧光，因此得名萤石。萤石的颜色有浅绿、浅紫和无色，偶尔还会有玫瑰红色，具有白色条痕和玻璃光泽，透明或不透明。其在冶金工业中常被用作助熔剂和制造氢氟酸。

第十四章 氧化物和氢氧化物

氧化物是由氧和其他元素结合形成的，其也是很多矿物的构成形式。氧化物的分布范围广泛，矿石硬度极高，且有较大的比重。与水反应后，氧化物会形成氢氧化物，而氢氧化物的硬度要稍小一些。

◎ 尖晶石、红锌矿、赤铜矿

尖晶石自古以来就有"最美宝石"的赞誉。红锌矿是一种具有重要作用的珍稀矿石。赤铜矿的含铜量高达88.82%，但由于其分布范围较小，是一种较为少用的铜矿石。

尖晶石

熔化的岩浆流入含有杂质的灰岩或白云岩后，经变质作用逐渐生成一种叫作尖晶石的矿石。尖晶石主要为八面体晶体，偶尔出现立方体、菱形十二面体或颗粒状、块状、致密状晶体的集合体。其颜色多样，如无色、粉红色、红色、紫红色、浅紫色、蓝紫色、蓝色、黄色、褐色等，有着白色条痕和玻璃光泽，透明或不透明。尖晶石色彩艳丽，被誉为"最美宝石"。因此，尖晶石常被用来制作首饰。

红锌矿

红锌矿是重要的锌来源，常产自含有方解石和硅锌矿的变质岩中。其六方锥体晶体非常罕见，较为常见的是颗粒状、块状和致密状晶体的集合体。红锌矿的颜色是暗红色或橘黄色，透明或半透明，具有半金属光泽。作为一种稀有矿石，红锌矿只存在于德国的隆克林和美国的新泽西州两地，因此成为收藏家和矿物学家重点关注的对象。

赤铜矿

赤铜矿产自铜矿床的氧化带，常与自然铜、孔雀石、蓝铜矿等混杂在一起。其晶体为立方体、八面体、菱形十二面体，其中以双晶形

标本号：M1113

赤铜矿
Cuprite

化学式：Cu₂O
产　地：湖北

赤铜矿

式存在的十分罕见，主要是以致密块状、颗粒状和土状的集合体形式存在。赤铜矿的新鲜切面是洋红色，被氧化后变为暗红色，具有棕红色条痕和金属或半金属光泽。赤铜矿的含铜量高达88.82%，但由于其十分稀少，所以只是次要的铜来源。

◎ 磁铁矿、钛铁矿、赤铁矿

磁铁矿主要被用于炼铁。钛铁矿是钛和二氧化钛的主要来源。赤铁矿是使用价值和经济价值均极高的铁矿石。

磁铁矿

磁铁矿是常见的氧化铁矿之一，主要分布在岩浆岩中。其单晶体为八面体和菱形十二面体，也有致密状、块状和颗粒状的集合体。磁铁矿表面为铁黑色，具有黑色条痕和半金属或暗淡光泽，不透明。由于磁铁矿是磁性最强的矿物，其可被永久磁铁所吸引，因此有磁石、玄石之称。磁铁矿主要被用来炼铁，在全世界范围内分布很广。

司南的原材料就是磁铁矿。

钛铁矿

钛铁矿是火成岩、变质岩等许多岩浆中的副产物，也存在于黑砂矿中。钛铁矿的晶体是三方晶系，一般为板状，也会出现菱面体或块状、片状、颗粒状的集合体。其晶体颜色为钢灰色或铁黑色，不透明。钛铁矿通常用来提取钛和二氧化钛。

赤铁矿

赤铁矿为铁的氧化物，是岩石中常见的一种成分。赤铁矿通常以分散的颗粒状存在于火成岩中，晶体通常为菱面体或板状，也有片状、鳞片状、颗粒状、肾状、土状、致密块状的集合体。晶体颜色有铁黑色、钢灰色、暗红色等，种类较多，但都有樱红色条痕。其质地为金属或半金属光泽，不透明。赤铁矿的经济价值很高。具有完美的金属闪光菱面体的赤铁矿十分稀少，其晶体大部分都是扁平的，也有板状成簇地组合成玫瑰花的形状，因此有"铁玫瑰"之称。另外还有一些鳞片状的集合体，称作镜铁矿。

◎ 红宝石和蓝宝石

宝石是大自然赐予人类的珍贵宝藏，其中红宝石和蓝宝石颇受人们喜爱。红宝石有"爱情之石"的美称，寓意美好的爱情和矢志不渝的真心；蓝宝石被称为"灵魂宝石"，寓意德高望重的声望和亘古不变的忠诚。

红宝石

红宝石主要产自岩浆岩和变质岩以及河床的沙砾层中。其晶体为双锥形，通常以板状、菱面状以及块状、颗粒状的集合体形式存在，具有白色条痕和玻璃或金属光泽，半透明。红宝石是珍贵的宝石资源，《圣经》称它是所有宝石中的佼佼者。红宝石鲜艳的颜色常使人们联想到热情和爱情，故有"爱情之石"的美称，代表着永恒的爱情和矢志不渝的真心。有些民族则认为它是不死鸟的化身，并围绕它产生了很多美好的传说。

蓝宝石

和红宝石一样，蓝宝石也产自岩浆岩和变质岩以及冲积矿床中。刚玉属于蓝宝石的一种，为双锥状、板状菱白色晶体，具有玻璃或金属光泽，半透明。古波斯人认为天空的蔚蓝色是由蓝宝石反射的光彩形成的，所以将蓝宝石看作德高望重的象征。蓝宝石还被人们当作沉静与高雅的象征，认为其有着慈祥、诚实、高尚等品质。蓝宝石晶体剔透，被誉为"灵魂宝石"，深受人们的喜爱。

欧洲皇室在加冕时用的皇冠上一般都镶嵌有红宝石和蓝宝石。此图为佛朗茨二世。

◎ 水镁石、褐铁矿、水锰矿

水镁石是镁的主要来源。褐铁矿是矿物氧化后形成的次生物质，也是重要的铁矿石。水锰矿是锰的重要来源。

水镁石

水镁石产自变质石灰岩、蛇纹岩和片麻岩，属于低温热液蚀变矿物。其为板状晶体，主要以叶片状、纤维状和颗粒状的集合体形式存在。晶体颜色有白色、灰色和浅蓝色，如果其中掺杂了铁和锰元素，便会呈黄色或褐红色。晶体表面有白色条痕和珍珠光泽，透明。水镁石是镁的重要来源之一，主要产地有美国、法国和英国等。

褐铁矿

褐铁矿并非一种矿物，而是针铁矿和水针铁矿等矿物的统称。由于这些矿物都是难以辨认的细小颗粒，便统称为"褐铁矿"。褐铁矿无法形成晶体，主要是块状、结合状、钟乳状的集合体，有时看起来很像黄铁矿晶体。其表面一般为黄褐色和浅黑色，有黄棕色的条痕和半金属或玻璃光泽，呈半透明或不透明状。硫化矿床氧化带中的红色物质就是氧化后形成的褐铁矿，可见其为矿床中的次生物质。人们通常根据此特征寻找该矿物。与磁铁矿、赤铁矿相比，褐铁矿的含铁量略低，但其冶炼工序较为简单，是重要的铁矿石资源。

水锰矿

有些矿物在处于不充分的氧化条件时会形成水锰矿，其在低温热液矿脉中以晶簇或重晶石形式与方解石共存，也可在湖泊、沼泽等地发现该矿物的踪迹。水锰矿呈柱形晶体，一般为双晶形式，也有块状、纤维状、颗粒状和结核状的集合体。晶体颜色为深灰色或黑色，有红棕色或黑色条痕，以及半金属光泽，不透明。